Paola Morgese

MANUALE PER PROGETTI SOSTENIBILI

Sostenibilità globale e project management

MANUALE PER PROGETTI SOSTENIBILI
Sostenibilità globale e project management

ISBN: 9781494749538

Copyright © Paola Morgese, 2013. Tutti i diritti riservati.
Tutti i diritti sono riservati, inclusi quelli di traduzione totale o parziale, anche automatica, in altre lingue. Nessuna parte di questo libro può essere riprodotta o diffusa in alcuna forma o con alcun mezzo, elettronico, manuale, in fotografia, fotocopia, stampa, microfilm o con qualunque altro sistema di memorizzazione o di estrazione dati, senza preliminare consenso scritto dell'autore. Questo libro non può essere venduto o noleggiato senza l'autorizzazione scritta dell'autore.

Fotografia di copertina: Parco del Matese (© Paola Morgese, 2013).

A Nina

Indice

Prefazione..1
Introduzione...3
1. Definizioni..5
   1.1 Sostenibilità globale e sviluppo sostenibile........................5
   1.2 Progetto 6
2. Sostenibilità globale...7
   2.1 Sostenibilità globale...7
   2.2 Sostenibilità ambientale..7
   2.3 Sostenibilità sociale..9
   2.4 Sostenibilità economica...12
   2.5 Sostenibilità ambientale aziendale....................................13
3. Tipologie di progetti sostenibili 23
   3.1 Progetti sostenibili..23
   3.2 Progetti globalmente sostenibili.......................................27
   3.3 Progetti sostenibili per loro stessa natura..........................31
      3.3.1 Progetto preliminare di bonifica di un sito contaminato 31
      3.3.2 Progetto di ricostruzione post disastro........................36
      3.3.3 Progetto secondo gli "Equator Principles"..................39
4. Investimenti e progetti..45
   4.1 Differenza tra investimento e progetto..............................45
      4.1.1 Valore d'uso sociale dei beni ambientali......................47
5. Sostenibilità globale e project management......................53
   5.1 Come gestire un progetto in modo sostenibile....................53
   5.2 Project charter o piano di progetto....................................56
   5.3 Piano di gestione del progetto...59
      5.3.1 Piano logistico..60
      5.3.2 Piano di sostenibilità...60
   5.4 Tempi..61
   5.5 Costi..62
   5.6 Qualità 64
   5.7 Risorse umane...65

5.8 Comunicazioni...69
5.9 Rischi..70
5.10 Approvvigionamenti...74
5.11 Stakeholder..77
5.12 Verifica dei risultati del progetto....................................80
6. Conclusioni..85
   6.1 Conclusioni..85
Glossario...89
   Glossario di termini usati nella sostenibilità......................89
Bibliografia...107
Ringraziamenti..113
Indice analitico..115

Indice delle figure

Figura 3.1 – Progetto tradizionale..28
Figura 3.2 – Progetto normalmente sostenibile...............................29
Figura 3.3 – Progetto totalmente sostenibile...................................30

Indice delle tabelle

Tabella 5.1 – Gruppi di processi ed aree di conoscenza....................54
Tabella 5.2 – Obiettivi del progetto per aree di conoscenza.............59
Tabella 5.3 – Distribuzione delle informazioni...............................70
Tabella 5.4 – Impatto dei rischi di progetto....................................71
Tabella 5.5 – Gestione di un singolo rischio...................................74
Tabella 5.6 – Selezione dei fornitori..77
Tabella 5.7 – Obiettivi raggiunti per scadenze o forniture...............82
Tabella 5.8 – Obiettivi raggiunti per aree di conoscenza.................83

Prefazione

Il libro nasce al termine della mia esperienza, durata tre anni, come prima knowledge management leader della Global Sustainability Community of Practice del PMI® (Project Management Institute). Ho sentito l'esigenza di raggruppare, di condividere e di sviluppare ulteriormente esperienze, ricerche e conoscenze nel campo della sostenibilità globale (ambientale, sociale ed economica) e della gestione dei progetti, entrambe mie grandi passioni.

In questo periodo ho avuto la possibilità di confrontarmi con ricercatori, professionisti, studenti, scrittori, esperti e neofiti di varie età e di diverse parti del mondo, sia virtualmente, sia di persona. Quello che ci accomuna è la passione per una nuova visione dei progetti equa, etica, omnicomprensiva e sul lungo termine.

Il libro costituisce inoltre un compendio delle mie esperienze lavorative, dei miei seminari, webinar, blog, articoli, anche internazionali, e lezioni, universitarie e non, sulla sostenibilità globale nella gestione dei progetti e sullo sviluppo sostenibile.

In questo manuale proverò a fornire degli strumenti pratici per gestire i progetti in maniera organizzata e strutturata, affinché questa passione si trasformi in prodotti, risultati e servizi positivi a beneficio di tutti.

Il libro è destinato a lettori che abbiano già una conoscenza, seppur minima, nel campo della gestione dei progetti e della sostenibilità e fa riferimento allo standard ISO 21500 "Guidance on project management" del 2013.

Solo alcuni progetti sono sostenibili per natura, ma tutti i progetti possono essere gestiti in maniera sostenibile.

Napoli, Estate 2013

Paola Morgese

Introduzione

Il manuale fornisce una metodologia organizzata e strutturata per gestire in maniera sostenibile qualunque tipo di progetto e comprende i seguenti argomenti:

- definizioni generali;
- sostenibilità ambientale;
- sostenibilità sociale;
- sostenibilità economica;
- sostenibilità ambientale aziendale;
- tipologie di progetti sostenibili;
- differenza tra investimento e progetto;
- come gestire un progetto in modo sostenibile;
- glossario di termini usati nella sostenibilità.

Manuale per progetti sostenibili – Sostenibilità globale e project management

1. Definizioni

1.1 Sostenibilità globale e sviluppo sostenibile

Esistono diverse definizioni di sviluppo sostenibile e di sostenibilità globale. Qui ne sono riportate alcune.

La prima e più conosciuta definizione di sviluppo sostenibile, *"development that meets the needs of the present without compromising the ability of future generations to meet their own needs"*, è riportata nel Brundtland Report del 1987 della World Commission for Environment and Development. Il Rapporto Brundtland sottolineava l'esigenza di dare priorità ai bisogni dei paesi poveri rispetto alle esigenze dei paesi ricchi.

La definizione di sostenibilità globale della PMI® Project Management Global Sustainability Community of Practice è riportata fin dal primo business plan datato 2009: *"La sostenibilità globale è il raggiungimento del benessere duraturo economico, sociale ed ambientale per tutti gli elementi della società"*.

Atra definizione molto conosciuta è quella di John Elkington del 1997, *"the triple bottom line"*, e si riferisce al concetto di *"people, planet, profit"*. *"Non è possibile raggiungere un desiderato livello di sostenibilità ecologica o sociale o economica (separatamente), senza raggiungere almeno un livello base di tutte e tre le forme di sostenibilità simultaneamente"*.

Secondo Gareis et al. (2013) è stato il tedesco Hans Carl von Carlowitz, all'inizio del diciottesimo secolo, ad inserire per la prima volta il concetto di sviluppo sostenibile in un suo trattato sulla silvicoltura.

1.2 Progetto

La definizione di progetto da dizionario è suddivisibile in:
- project: piano di lavoro ordinato e particolareggiato per eseguire qualcosa;
- design: insieme di calcoli, disegni ed elaborati necessari a definire inequivocabilmente l'idea in base alla quale realizzare una qualsiasi costruzione (prodotto, creazione).

La definizione di progetto dalla Guida al Project Management Body of Knowledge (PMBOK®) del Project Management Institute (PMI®) (dove "PMP, PMBOK and PMI are registered marks of the Project Management Institute, Inc.") è:

"Iniziativa temporanea intrapresa per creare un prodotto, un servizio o un risultato con caratteristiche di unicità".

Il progetto è quindi:
- temporaneo: ogni progetto ha un inizio ed una fine ben definiti;
- unico: ogni progetto ha caratteristiche proprie ed è diverso dagli altri.

2. Sostenibilità globale

2.1 Sostenibilità globale

La sostenibilità ambientale, la sostenibilità sociale e la sostenibilità economica sono strettamente legate tra loro e si influenzano a vicenda.

2.2 Sostenibilità ambientale

A titolo di esempio, non esaustivo, si riportano di seguito schematicamente alcuni temi caratteristici della sostenibilità ambientale.

Per la gestione dei rifiuti bisognerebbe ridurre la produzione di rifiuti o almeno produrre meno rifiuti pericolosi e più rifiuti non pericolosi, valutare le possibili alternative per il loro trattamento e smaltimento, scegliendo quelle più sostenibili, preferendo ad esempio il compostaggio alla discarica o all'incenerimento. Bisognerebbe aumentare il riutilizzo ed il riciclo dei rifiuti prodotti.

Un significativo riferimento per l'acqua può essere tratto da Gareis et al. (2013) e da Vienna Hospital Association (2010). Fra i 31 criteri di qualità, fissati per la pianificazione e per la costruzione, il criterio 4 del "Sustainability Charter" si riferisce all'uso dell'acqua potabile e delle acque di pioggia. La domanda di acqua potabile dovrebbe essere ridotta al minimo indispensabile ed il suo consumo ridotto con l'installazione di apposite apparecchiature. L'acqua potabile non dovrebbe essere utilizzata per i servizi, ad esempio lavaggio od innaffiamento. Le acque di pioggia dovrebbero essere drenate, raccolte (anche sui tetti) e fatte lentamente percolare naturalmente in aree non pavimentate, per favorire l'insediamento di piante e di animali, oppure riutilizzate invece che inviate in fognatura.

Nella scelta delle materie prime bisognerebbe misurare e preferire l'uso di materie prime secondarie e di materiali riutilizzati o riciclati all'uso di materiali non rinnovabili come minerali, carbone, petrolio e derivati, gas naturale, metalli.

Bisognerebbe utilizzare accorgimenti e tecnologie per risparmiare sul consumo energetico. Si dovrebbe inoltre misurare e preferire l'uso di energia da fonti rinnovabili, come sole, vento, maree, idroelettrico, biomassa, risorse geotermiche, biocarburanti (non alimentari), idrogeno ed etanolo, all'uso di energia da fonti non rinnovabili, come carbone, gas naturale, petrolio e derivati, nucleare.

Bisognerebbe misurare e limitare le emissioni in atmosfera dei seguenti composti (GRI, 2011) (EPA, 2010) (EPA, 2011):
- gas responsabili dell'effetto serra ritenuti anche tra i principali responsabili dei cambiamenti climatici: anidride carbonica CO_2, metano CH_4, monossido di biazoto o protossido di azoto N_2O, idrofluorocarburi HFC, perfluorocarburi PFC, esafluoruro di zolfo SF_6;
- principali responsabili della riduzione dello strato di ozono in atmosfera: alogeni, idroclorofluorocarburi HCFC e clorofluorocarburi CFC.

Si vuole mettere in evidenza come sia importante effettuare sempre delle misurazioni, introducendo ad esempio dei contatori parziali per misurare i consumi di acqua e di energia, ai fini di una concreta valutazione delle azioni svolte nel campo della sostenibilità ambientale.

Altri interventi potrebbero riguardare ad esempio la tutela della biodiversità oppure i trasporti e dipendono comunque dagli specifici obiettivi fissati nel particolare progetto.

Alcuni riferimenti in campo ambientale sono le ISO 14000 ed il protocollo di Kyoto, adottato nel 1997 ed entrato in vigore nel 2005, per il controllo delle emissioni gassose in atmosfera.

Vedere anche il glossario a fine testo.

2.3 Sostenibilità sociale

La sostenibilità sociale è legata (GRI, 2011) al rispetto dei:
- diritti umani;
- diritti della società;
- diritti dei lavoratori;
- diritti dei consumatori.

Per quanto concerne i diritti umani il principale riferimento è la "Dichiarazione universale dei diritti umani" dell'ONU (Organizzazione delle Nazioni Unite) del 1948 sui diritti civili, politici, economici, sociali e culturali. La dichiarazione è contro le discriminazioni, il lavoro minorile, il lavoro forzato o obbligatorio (schiavitù) ed è a favore della libertà di associazione, dei diritti delle minoranze etniche, del diritto alla salute, alla cultura ed all'istruzione.

I diritti umani riguardano l'accessibilità per i disabili all'uso ed alla fruizione dei prodotti, servizi o risultati dei progetti.

I diritti della società riguardano le interazioni con i mercati (legame con la sostenibilità economica), con le istituzioni e con le comunità locali. Sono a favore della legalità, della lealtà e della trasparenza. Appoggiano l'ampia consultazione pubblica e le esigenze delle comunità locali, come lo sviluppo socio-economico, la lotta all'inquinamento ed al consumo delle risorse naturali (legame con la sostenibilità ambientale), la salvaguardia della salute pubblica. Sono contro la corruzione ed il monopolio.

Per corruzione si intendono tangenti, frodi, estorsioni, collusione, conflitti di interesse, riciclaggio di denaro sporco. La corruzione crea povertà (legame con la sostenibilità economica), danneggia l'ambiente (legame con la sostenibilità ambientale), colpisce la democrazia ed i diritti umani, minaccia la legalità e devia gli investimenti (legame con la sostenibilità economica). Riferimento principale in tal senso è la "United Nations Convention Against Corruption" del 2003.

Negli aspetti relativi alle interazioni con le istituzioni sono contro le pressioni a fini politici, l'influenza sulle politiche di governo con azioni organizzate e coordinate, il persuadere o l'influenzare persone che hanno una carica pubblica a promulgare leggi oppure a prendere decisioni politiche, i contributi ed i finanziamenti politici mirati al cosiddetto "voto di scambio" come donazioni, prestiti, pubblicità, uso o donazione di beni (ad esempio automobili, barche, case), assunzioni, posti di lavoro.

Nelle interazioni con i mercati sono a favore di una sana competizione tra le aziende, che promuova l'efficienza economica e la crescita sostenibile, in opposizione al monopolio ed alla concorrenza sleale nei confronti di ditte concorrenti per fissare i prezzi, truccare le gare, creare restrizioni di mercato e di produzione, imporre quote geografiche, ripartire clienti e fornitori (legame con la sostenibilità economica).

I diritti dei lavoratori si basano soprattutto sulla ILO (International Labour Organization) "Declaration on the Fundamental Principles and Rights at Work" del 1998 e promuovono la crescita economica e l'equità.

Riguardano la presenza di contratti collettivi di lavoro, che garantiscano la libertà di associazione e la stabilità aziendale, una indiscriminata e bilanciata distribuzione tra lavoratori dipendenti e lavoratori a contratto, tra lavoratori a tempo pieno e lavoratori a tempo parziale, tra lavoratori a tempo determinato e lavoratori a tempo indeterminato, tra donne ed uomini, un giusto tasso di ricambio del personale, che influisca positivamente sul capitale umano ed intellettuale e sulla capacità produttiva aziendale.

Prevedono un'ampia consultazione, l'informazione ed il coinvolgimento dei lavoratori e dei loro rappresentanti anche per questioni riguardanti ristrutturazioni, fusioni, espansioni, vendite, chiusure, aperture.

Promuovono la salute e la sicurezza sul luogo di lavoro, i corsi di formazione, la prevenzione di incidenti, infortuni, malattie professionali, morti, esposizione regolare a sostanze chimiche pericolose. Prevedono il coinvolgimento dei sindacati, la promozione della cultura della salute e della sicurezza sul luogo di lavoro, l'assistenza, la consulenza e la prevenzione, l'attuazione di specifiche campagne di formazione e di informazione per i lavoratori, per le loro famiglie e per la comunità tutta per particolari rischi (ad esempio per il rischio amianto).

I diritti dei consumatori riguardano la qualità, la salute, la sicurezza, l'etichettatura, gli imballaggi, la manutenzione, la destinazione a fine vita (ad esempio smaltimento oppure riciclo e riuso), la riservatezza dei dati personali, la soddisfazione del cliente, gli impatti nell'uso del prodotto o servizio (ad esempio elettrodomestici a basso consumo idrico ed energetico), la gestione non invasiva e fastidiosa delle promozioni, la gestione dei reclami.

Le esigenze dei consumatori possono avere notevole influenza sulla scelta dei materiali e sul ciclo di produzione e vanno considerate sul lungo termine.

Alcuni riferimenti in campo sociale sono le ISO 26000, Guidance on social responsibility, e le SAI (Social Accountability International) 8000.

Vedere anche il glossario a fine testo.

2.4 Sostenibilità economica

Per comprendere a cosa si riferisca la sostenibilità economica è necessario fare una prima distinzione tra economia, ovvero l'uso efficiente e razionale delle risorse nella produzione di beni e di servizi, e finanza, cioè la mera gestione del denaro.
L'analisi economica è riferita alla collettività, da qui il suo legame con gli aspetti sociali, e si distingue dall'analisi finanziaria, che riguarda invece il solo operatore privato che la intraprende (Forte, 1977).

La sostenibilità economica del progetto riguarda (Gareis et al., 2013) una efficiente gestione delle risorse del progetto, la risoluzione delle discontinuità di progetto, la gestione della complessità, delle dinamiche e delle relazioni dei contesti del progetto, l'ottimizzazione dei risultati economici dell'investimento iniziato con il progetto.

La sostenibilità economica del progetto include (Silvius et al., 2012) la garanzia di un investimento reddittizio accompagnato da agilità e flessibilità.

La sostenibilità economica aziendale (GRI, 2011) riguarda:
- valore economico generato;
- valore economico distribuito;
- valore economico trattenuto (generato meno distribuito).

Il valore economico generato è costituito principalmente dai ricavi aziendali. Il valore economico distribuito riguarda la ricchezza distribuita ai fornitori, ai dipendenti, ai collaboratori, ai finanziatori ed agli azionisti, alla pubblica amministrazione, alla comunità.

Sono anche importanti le relative percentuali attraverso le quali il valore economico viene distribuito, affinché vengano garantiti il benessere economico dei lavoratori, il sostegno al mercato locale del lavoro, dei positivi impatti economici indiretti strettamente legati allo sviluppo sostenibile, cioè impatti positivi aggiuntivi dovuti alla circolazione del denaro attraverso l'economia locale e regionale (indotto), ed in generale il miglioramento socio-economico, ad esempio con lo sviluppo economico in aree depresse, la diffusione di tecnologie informatiche ed il miglioramento generale locale delle condizioni sociali, economiche, professionali e culturali.

Riferimenti in campo economico sono l'International Accounting Standards Board (IASB) e l'International Financial Reporting Standards (IFRS).

Vedere anche il glossario a fine testo ed i legami con la sostenibilità sociale, indicati al paragrafo precedente.

2.5 Sostenibilità ambientale aziendale

Negli ultimi venti anni anche le aziende hanno iniziato ad applicare i principi dello sviluppo sostenibile al loro ciclo produttivo, a misurare prestazioni e risultati in campo sociale ed ambientale, oltre che economico, ed a redigere resoconti e veri e propri bilanci non solo economici, ma anche sociali ed ambientali.

Mettendo i numeri della sostenibilità ambientale nero su bianco ed iniziando a fare dei paragoni, sono emerse positive sorprese nel confronto tra attività aziendali gestite in maniera tradizionale e le stesse attività gestite invece in maniera sostenibile. Inizialmente venivano presi in considerazione solo i rischi ambientali, ora si evidenziano invece anche le opportunità.

La trasformazione di concetti qualitativi in entità quantitative misurabili e misurate ha rivelato spesso dei risultati aziendali positivi. La sostenibilità ambientale fatta di definizioni, di nozioni e di teoria relativa alla gestione dei rifiuti, al risparmio energetico, alla salvaguardia delle risorse, all'uso delle energie rinnovabili, alla scelta dei fornitori, allo studio dell'intero ciclo di vita del prodotto, dalle materie prime alla destinazione a fine utilizzo, a conti fatti ha portato a miglioramenti nel campo della sicurezza e dell'ambiente, al risparmio economico, alla soluzione di problemi tecnici, alla soluzione di problemi commerciali, alla soluzione di problemi organizzativi e ad altri benefici tangibili per le aziende.

Il riscontro positivo è riferito non solo alle grandi aziende, ma anche alle piccole e medie imprese. La sola pubblicazione di un bilancio periodico di sostenibilità ambientale si traduce in un ritorno di immagine per la società ed in un aumento del numero di clienti, sempre più sensibili all'argomento. Un'azienda che contribuisce al miglioramento continuo e duraturo delle condizioni ambientali, che misura, divulga e rende conto dei risultati aziendali in questo ambito, fornisce automaticamente l'immagine di una società affidabile, trasparente e responsabile.

Se prima bastava verificare i risultati ottenuti nel campo della sostenibilità ambientale rispetto a parametri di legge, regolamenti e normative per evitare sanzioni e procedimenti legali, adesso gli obiettivi da raggiungere vengono fissati dalle stesse politiche e strategie aziendali in un ambito più ampio e servono sia ad una valutazione delle proprie capacità e del proprio impegno, sia al confronto con altre aziende concorrenti.

La sostenibilità ambientale si è trasformata da necessità del rispetto delle leggi e delle normative di settore ad esigenza di mercato e, come tale, è divenuta parte integrante del bilancio aziendale.

Il bilancio di sostenibilità ambientale (GRI, 2011) parte dai parametri imposti dal rispetto di leggi e di normative e si estende poi a tutti quei fattori, che hanno un impatto economico e finanziario significativo sull'azienda stessa con riferimento alla definizione di sostenibilità del Rapporto Brundtland del 1987, fissando una scala di priorità e considerando l'azienda nelle sue connessioni con i luoghi, in cui è collocata. Per esempio, il carico inquinante di un'azienda non dovrebbe essere considerato in valore assoluto, ma in relazione alle caratteristiche dell'ecosistema locale. Oppure, andrebbero considerati sia i parametri che hanno influenza sull'ambiente nel breve termine, sia quelli che influiscono sul lungo termine, tipo gli inquinanti persistenti o bioaccumulabili, e quelli che causano impatti irreversibili.

Riepilogando, alcuni degli obiettivi che un'azienda può prefiggersi di raggiungere in campo ambientale per se stessa, per i suoi fornitori e per i suoi clienti, sono l'uso di energia pulita e rinnovabile, la riduzione dei rifiuti, la raccolta, lo stoccaggio e lo smaltimento adeguati dei rimanenti rifiuti, il riuso, il riciclo, il risparmio energetico, il riutilizzo dell'acqua, la buona qualità dell'ambiente di lavoro, il saggio utilizzo delle risorse naturali, l'evitare di inquinare, la protezione di aria, acqua e suolo, la conoscenza ed il miglioramento dell'ambiente naturale.

Tutto quanto finora esposto può essere numericamente misurato e, come tale, elaborato, interpretato e confrontato nel tempo.

Alcune valutazioni numeriche della sostenibilità ambientale di un'azienda sono già contenute nei documenti, nei registri e negli archivi della stessa, altre sono da questi estrapolabili ed altre ancora necessitano di opportune misurazioni con la predisposizione, ad esempio, di specifici contatori.

I dati già disponibili sono quelli relativi ad infrazioni di leggi e di regolamenti, che hanno portato a sanzioni, spese legali, spese di risarcimento danni, perizie, consulenze, spese di bonifica di siti contaminati ed alle relative conseguenze e ripercussioni, come cali nelle vendite, danno di immagine, interruzioni della produzione, sospensione nell'erogazione di servizi.

Altri numeri subito disponibili sono quelli che riguardano le spese affrontate dall'azienda per gli investimenti in campo ambientale, per esempio rinnovamento ed adeguamento di impianti e macchinari, aggiornamento tecnologico, formazione del personale, certificazione ISO 14000, ricerca ed innovazione nel settore, spese di smaltimento dei rifiuti, spese di trattamento di acque reflue e di emissioni gassose in atmosfera, relativi costi di esercizio e di manutenzione.

Ulteriori costi già in archivio sono quelli relativi ad incidenti ambientali, perdite e rilasci accidentali di sostanze più o meno inquinanti, tipologie di tali perdite, relativi impatti su aria, acqua e suolo nel breve e nel lungo termine.

Gli ulteriori dati estrapolabili dai precedenti oppure da misurare appositamente sono quelli che potrebbero aiutare a rivedere e ad ottimizzare il ciclo produttivo e le abitudini dell'azienda, a ridurre gli sprechi, a risparmiare sui costi, ad aumentare il valore dei prodotti e dei servizi ed a posizionare un'azienda più avanti rispetto alle concorrenti, non solo nel settore ambientale.

Potrebbero ad esempio essere calcolati ed analizzati i costi ambientali relativi ai trasporti, con riferimento anche alle materie prime, ai prodotti finali ed ai dipendenti aziendali. Tutte le attività relative ai trasporti implicano un consumo di energia e quindi un costo. Altri impatti dei trasporti riguardano il rumore, le emissioni inquinanti in atmosfera e le perdite accidentali di inquinanti durante il trasporto, anch'essi valutabili numericamente. La valutazione dei costi ambientali dei trasporti potrebbe suggerire delle modifiche nell'organizzazione del lavoro, ad esempio per la frequenza e per la modalità di spostamenti e di riunioni dei dipendenti, e per gli spostamenti dei suoi lavoratori pendolari, con riferimento anche agli impatti sul territorio circostante e sul traffico locale. Le videoconferenze potrebbero sostituire alcuni viaggi, un autobus collettivo aziendale potrebbe affiancare e ridurre l'uso dei veicoli privati, una maggiore flessibilità negli orari di ingresso e di uscita avrebbe effetti positivi sul traffico locale in generale.

Altri fattori ambientali critici sono quelli che riguardano i rifiuti, nelle loro forme solide, liquide e gassose. Il costo ambientale relativo ai rifiuti si riferisce non solo ai costi di raccolta, stoccaggio, trasporto, trattamento e smaltimento, ma anche alle modalità scelte per queste operazioni ed alle possibili alternative e comporta alcune ulteriori valutazioni e scomposizioni. Ad esempio sarebbe importate non solo conoscere la quantità complessiva dei rifiuti prodotti, ma anche il rapporto tra rifiuti pericolosi e non pericolosi, poiché variano modalità e costi della loro gestione. Anche le alternative relative alle tipologie di trattamento e di smaltimento prescelte (ad esempio compostaggio, discarica, incenerimento) e le quantità di rifiuti riutilizzate o riciclate all'interno del ciclo produttivo, o all'interno dell'azienda stessa, influiscono sui costi.

Per le acque reflue alla misura della concentrazione dei singoli inquinanti, riferita a quanto riportato da leggi e da normative, ed ai costi di raccolta, convogliamento, trattamento e smaltimento bisognerebbe aggiungere ulteriori valutazioni. Ad esempio sarebbe utile calcolare non solo la quantità complessiva di acque reflue prodotte, ma anche i volumi indirizzati al riuso ed al riciclo all'interno del ciclo produttivo o dell'azienda stessa. Inoltre la qualità delle acque scaricate dovrebbe essere confrontata con la qualità del corpo idrico recettore, in funzione anche della considerazione che le popolazioni locali hanno di tale risorsa, in relazione al tipo di destinazione finale (ad esempio fognatura oppure acque superficiali). Anche la tipologia di trattamento prescelta influisce sui costi.

Per le emissioni in atmosfera oltre alla misura della concentrazione dei singoli inquinanti riferita a quanto riportato da leggi e da regolamenti, bisognerebbe valutarne la quantità complessiva scaricata in atmosfera e quella relativa ai gas responsabili del buco nell'ozono, ai gas responsabili dell'effetto serra ritenuti anche tra i principali responsabili dei cambiamenti climatici (in particolare i gas fluorurati sono classificati dalla Environmental Protection Agency statunitense come potenziale causa principale del riscaldamento globale), le quantità relative di NOx, SOx e di polveri sottili.

I costi ambientali dei materiali e delle materie prime, che contribuiscono alla composizione del prodotto, si riferiscono non solo alla quantità complessiva utilizzata ma anche alle rispettive quantità relative di materiali non rinnovabili (minerali, carbone, petrolio e derivati, gas naturale, metalli), di materie prime secondarie, alle quantità relative di materiali riutilizzati o riciclati nel ciclo produttivo o nell'azienda. Sarebbero inoltre da portare nei calcoli le quantità relative di materiali di processo o di consumo, che non entrano nella composizione del prodotto ma che servono unicamente alla sua produzione (ad esempio le acque di raffreddamento ed i lubrificanti).

La materia prima acqua può entrare direttamente nella composizione del prodotto oppure può essere acqua di processo (ad esempio acqua di raffreddamento). I costi ambientali relativi all'approvvigionamento idrico riguardano la tipologia della fonte di approvvigionamento, che può essere costituita da acquedotto, acque sotterranee oppure acque superficiali. La valutazione della quantità complessiva di acqua utilizzata nel ciclo produttivo dovrebbe essere accompagnata dal calcolo delle quantità relative di acqua riutilizzata e riciclata nel ciclo medesimo o comunque all'interno dell'azienda stessa. Nelle valutazioni sarebbe importante considerare anche la qualità dell'acqua di approvvigionamento cioè, ad esempio, se è potabile oppure se è derivata da un impianto di trattamento delle acque reflue. L'acqua potabile dovrebbe essere utilizzata solo a scopo alimentare. Bisognerebbe verificare i possibili impatti sulla fonte dell'approvvigionamento idrico (ad esempio un possibile abbassamento del livello di falda) e sul territorio (ad esempio una riduzione della quantità di acqua destinata a scopo agricolo).

È importante valutare anche cosa accade durante l'uso del prodotto, ad esempio la possibile generazione di rumori molesti, la produzione di emissioni in atmosfera, il consumo di materie prime, di materiali e di energia durante il suo funzionamento, la tipologia dell'imballaggio prescelto (se può essere riutilizzato, riciclato, scomposto in parti a loro volta riutilizzabili o riciclabili) e quindi il costo di smaltimento dell'imballaggio. Il prodotto presenta anche dei costi ambientali riferiti al suo destino a fine vita, potrebbe ad esempio essere riutilizzato, riciclato oppure scomposto in più parti a loro volta riutilizzabili o riciclabili, variando così il suo costo di smaltimento finale.

Costi e numeri dell'impatto aziendale sull'ambiente naturale non antropizzato circostante possono essere sia negativi (perdita, deterioramento), sia positivi (ricavo, miglioramento). L'aspetto negativo potrebbe riguardare l'ubicazione dell'azienda in prossimità di aree naturali protette, la tipologia delle aree naturali protette circostanti, gli impatti delle attività, dei prodotti e dei servizi aziendali sulla biodiversità, valutati considerando l'intera catena dei fornitori, l'uso di cave, i possibili inquinamenti, i possibili effetti sulle specie di animali e di piante protette ed in via di estinzione, le possibili modificazioni dell'ambiente naturale. L'aspetto positivo potrebbe consistere nello sviluppare strategie e politiche aziendali mirate all'adozione o al ripristino di un'area naturale protetta, all'incremento della biodiversità, alla salvaguardia delle specie animali e vegetali protette o in via di estinzione, alla collaborazione con associazioni ambientaliste per particolari progetti, alla riduzione dell'inquinamento.

La valutazione numerica della sostenibilità ambientale in termini energetici riguarda la misura dei consumi di energia. I consumi complessivi dovrebbero essere scomposti in base alla tipologia delle fonti, rinnovabili e non rinnovabili. In particolare l'uso di energie non rinnovabili potrebbe comportare un rischio per l'azienda di potenziali variabilità nei prezzi e nelle forniture, che dovrebbe essere tenuto in considerazione. Il consumo di combustibili fossili è inoltre fonte di emissioni di gas responsabili dell'effetto serra, causa a sua volta di cambiamenti climatici. Bisognerebbe poi considerare separatamente l'energia utilizzata direttamente nel processo produttivo e quella usata invece per i servizi aziendali. Anche la tecnologia energetica ha un suo peso nel bilancio di sostenibilità ambientale, così come gli interventi intrapresi per il risparmio energetico, i miglioramenti tecnologici adottati, gli interventi sul ciclo di produzione, le modifiche nel comportamento del personale aziendale, le iniziative per migliorare l'efficienza energetica e l'uso di energie alternative.

Tutti i dati così raccolti dovrebbero rappresentare in maniera trasparente la realtà aziendale, senza omissioni o manipolazioni, evidenziando i risultati positivi senza tacere di quelli negativi. Sarebbe necessario inoltre spiegare con dettaglio ed accuratezza le ipotesi di base, i metodi di stima, di calcolo e di misura adottati, che devono essere tutti replicabili con risultati simili.

I dati possono servire per confrontare i risultati con quelli della stessa azienda per periodi di tempo diversi, per valutare miglioramenti o peggioramenti in corso, o per uno stesso periodo di tempo con quelli di aziende diverse, eventualmente concorrenti.

La valutazione numerica della sostenibilità ambientale di un'azienda non ne misura solo l'impegno a protezione dell'ambiente, ma ne descrive un quadro dettagliato da utilizzare nelle scelte aziendali per ottimizzare nel lungo termine il ciclo produttivo, l'organizzazione e la gestione, gli obiettivi di mercato ed i risultati economici.

Quanto esposto per la sostenibilità aziendale in campo ambientale può essere in maniera simile sviluppato anche nel settore sociale ed in quello economico.

3. Tipologie di progetti sostenibili

3.1 Progetti sostenibili

I progetti sostenibili possono essere raggruppati nelle seguenti tipologie, a cui corrispondono livelli diversi di sostenibilità:
1. progetti sostenibili per loro stessa natura;
2. progetti che creano prodotti, risultati o servizi sostenibili;
3. progetti gestiti in maniera sostenibile.

Un progetto sostenibile per sua stessa natura è, ad esempio, un progetto di bonifica di un sito contaminato. Ad una prima analisi questa tipologia di progetto potrebbe sembrare sostenibile unicamente dal punto di vista ambientale, in realtà comporta delle implicazioni anche nel campo della sostenibilità sociale, come la riqualificazione e la restituzione alla collettività di un'area altrimenti inutilizzabile, ed in quello della sostenibilità economica, con il riutilizzo successivo dell'area abbandonata e con le attività economiche legate alla bonifica stessa.

Un progetto di ricostruzione post disastro è un altro esempio di progetto sostenibile per natura. Il suo legame con la sostenibilità sociale è palese e, se gestito correttamente, potrebbe influenzare positivamente anche la sostenibilità economica ed ambientale.

Tra i progetti per lo sviluppo sostenibile (Ministero dell'Ambiente, 2006) in Italia vi sono ad esempio quelli che si occupano di settori quali:
- cambiamenti climatici;
- inquinamento transfrontaliero;
- eliminazione delle sostanze chimiche pericolose ed agricoltura sostenibile;
- ozono stratosferico;
- gestione sostenibile delle risorse e sviluppo sostenibile;
- sviluppo di fonti e di tecnologie energetiche a basse emissioni;
- educazione ed informazione ambientale;
- trasporto sostenibile.

Alcuni progetti internazionali riguardano la regione alpina nei seguenti settori:
- gestione delle risorse naturali;
- cambiamenti climatici;
- trasporto sostenibile;
- fonti rinnovabili di energia.

Altri il Mediterraneo in settori quali:
- fonti rinnovabili di energia;
- turismo sostenibile;
- desertificazione;
- trasporto sostenibile.

Esempi di progetti per lo sviluppo sostenibile in Europa centro-orientale, Balcani, Asia centrale:
- educazione ed informazione ambientale;
- fonti rinnovabili di energia.

Esempi nelle zone umide della Mesopotamia, Iraq:
- salvaguardia degli ecosistemi;
- desertificazione.

Esempi in Cina:
- monitoraggio e gestione dell'ambiente;
- educazione ed informazione ambientale;
- protezione e conservazione delle risorse naturali;
- gestione delle risorse;
- fonti rinnovabili di energia;
- pianificazione urbana sostenibile;
- trasporto sostenibile;
- agricoltura sostenibile;
- protezione della biodiversità.

Esempi in America centrale:
- cambiamenti climatici;
- fonti rinnovabili di energia.

Esempi in America latina:
- gestione sostenibile del patrimonio forestale per l'assorbimento del carbonio;
- recupero del biogas dalle discariche;
- formazione ed educazione ambientale;
- valutazione dell'impatto negativo sull'ambiente delle coltivazioni illecite;
- sviluppo di metodologie e tecniche per il recupero degli ecosistemi degradati.

Esempi negli Stati Uniti d'America:
- impatti dei cambiamenti climatici sulla salute;
- ciclo del carbonio;
- modellistica climatica;
- tecnologie a basse emissioni.

Esempi in India:
- sviluppo di tecnologie per le fonti rinnovabili di energia;
- previsione e prevenzione degli effetti dei cambiamenti climatici;

- ciclo del carbonio;
- tecnologie innovative nell'industria e nell'agricoltura per la riduzione dell'impiego di sostanze chimiche pericolose.

Esempi in Tailandia:
- prevenzione e gestione dei rischi per le zone costiere causati da eventi anomali quali tsunami e terremoti.

Esempi in Russia:
- riduzione delle emissioni attraverso lo sviluppo di tecnologie avanzate per l'impiego delle fonti rinnovabili e per la promozione dell'efficienza energetica.

Esempi in Africa:
- trattamento delle acque reflue e loro riutilizzo nell'irrigazione;
- gestione integrata delle risorse idriche;
- gestione della ricarica artificiale degli acquiferi;
- sfruttamento dell'acqua salmastra e processo di dissalazione.

La Banca Mondiale mette a disposizione fondi per progetti nei seguenti settori:
- protezione dell'ambiente;
- sviluppo sostenibile;
- riduzione delle emissioni;
- acquisizione di crediti di carbonio.

Nel seguito saranno trattati in dettaglio i progetti che creano prodotti, risultati o servizi sostenibili e, soprattutto, sarà fornita una metodologia organizzata e strutturata per gestire in maniera sostenibile qualunque tipo di progetto.

Nei progetti che creano prodotti, risultati o servizi sostenibili, la sostenibilità può essere intesa come un requisito di qualità e dovrebbe essere inclusa nelle specifiche tecniche del prodotto, servizio o risultato fornito.

3.2 Progetti globalmente sostenibili

Dal punto di vista della sostenibilità globale i progetti, in maniera schematica e semplificata, si possono suddividere in:
- progetto tradizionale;
- progetto normalmente sostenibile;
- progetto totalmente sostenibile.

Nei seguenti schemi per sostenibile si intende che genera impatti positivi su ambiente, società ed economia.

Dallo schema della Figura 3.1 si nota subito come il ciclo di produzione sia diverso dal ciclo di vita del prodotto, risultato o servizio.

Nello schema del progetto tradizionale (Figura 3.1) per materie prime si intendono organizzazione aziendale, organizzazione del lavoro, materiali, energia, risorse umane, risorse economiche, attrezzature.

Il prodotto può essere un prodotto, un servizio o un risultato.

In un progetto tradizionale il ciclo di produzione è lineare, non chiuso, ed i ruoli dell'azienda, del project manager e dell'utente finale sono distinti e separati.

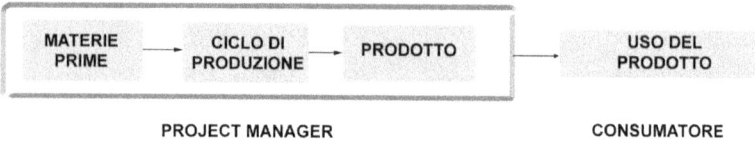

Figura 3.1 – Progetto tradizionale

Nello schema del progetto normalmente sostenibile (Figura 3.2) per materie prime tutelate e riutilizzabili a disposizione del project manager si intendono:
- organizzazione aziendale etica ed illuminata;
- organizzazione del lavoro positiva e strutturata;
- materiali riutilizzabili;
- energia rinnovabile;
- altre risorse (economiche, attrezzature) da non depauperare.

In un progetto normalmente sostenibile, al quale bisognerebbe tendere:
- le suddette materie prime sono tutte tutelate e riutilizzabili;
- il ciclo di produzione è rispettoso del benessere ambientale, sociale ed economico;
- il prodotto, servizio o risultato è globalmente sostenibile;
- il suo uso è globalmente sostenibile;
- i sottoprodotti sono riutilizzabili all'esterno o all'interno dello stesso ciclo produttivo;
- i rifiuti sono ridotti al minimo e sono smaltiti in maniera globalmente sostenibile.

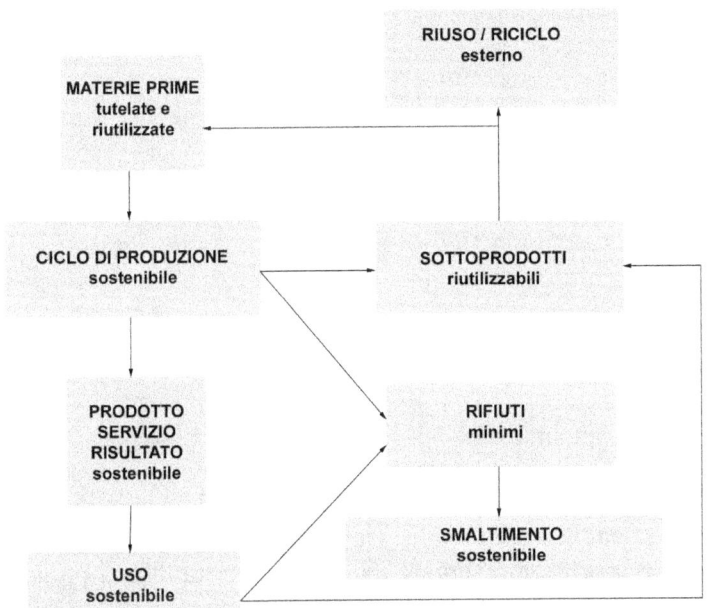

Figura 3.2 – Progetto normalmente sostenibile

Nello schema del progetto totalmente sostenibile (Figura 3.3) non solo il ciclo produttivo e quello dell'uso del prodotto, servizio o risultato devono essere chiusi e non lineari per ottenere la sostenibilità, ma la sostenibilità stessa deve essere ricercata contemporaneamente nella sua globalità e per ciascuna parte dell'insieme.

In realtà non sarà possibile rendere un progetto completamente sostenibile, o lo sarà solo in maniera limitata, a causa di vincoli e di ostacoli aziendali, sociali, culturali, economici, tecnologici.

Le tecnologie ideali potrebbero non essere ancora disponibili oppure essere ancora poco diffuse e troppo costose.

Manuale per progetti sostenibili – Sostenibilità globale e project management

Figura 3.3 – Progetto totalmente sostenibile

Sostenibilità ed innovazione presentano un doppio legame. Per raggiungere la sostenibilità spesso si è spinti a cercare nuove strade percorribili, che portano a delle innovazioni. Al tempo stesso le innovazioni, nuove tecnologie, materiali, tecniche, strumenti, consentono di aggiungere sempre maggiore sostenibilità ai progetti, permettendo un miglioramento continuo nel tempo.

Il project manager potrebbe avere poca influenza sull'organizzazione aziendale, sulla scelta delle materie prime e dell'energia e quindi sul ciclo di produzione vero e proprio, così come sulle attrezzature disponibili, sulle risorse economiche e sulla scelta dei fornitori.

Il project manager influisce invece direttamente e quotidianamente sull'organizzazione del lavoro e sulla gestione delle risorse, in particolare su quelle umane, ed è proprio in questi settori che il presente manuale può trovare ampia applicazione.

La gestione sostenibile di un progetto implica una organizzazione etica ed illuminata del lavoro, che tuteli le risorse umane e che si esplichi attraverso azioni personali quotidiane. Il project manager sostenibile sa prendersi cura di tutte le proprie risorse, ambientali, sociali ed economiche, e sa preservarne l'efficienza nel tempo.

3.3 Progetti sostenibili per loro stessa natura

3.3.1 Progetto preliminare di bonifica di un sito contaminato

Il caso in esame, descritto dal punto di vista del progettista e project manager, riguarda il progetto preliminare di bonifica di un'area di circa 10.000 metri quadrati, compresa in un più ampio sito di interesse nazionale.

Si tratta di una ex cava di tufo di pianura riempita parzialmente per circa otto anni con rifiuti di origine e di caratteristiche varie, che hanno inquinato falda e suolo. Sia l'attività estrattiva, sia quella di colmata furono svolte illegalmente ed il sito fu posto sotto sequestro dalla Guardia di Finanza.

Alcune date:
1989 – inizio dell'attività estrattiva;
1992 – inizio della colmata della cava con i rifiuti;
2000 – termine della colmata con i rifiuti;
2002 – parziale rimozione dei rifiuti;
2004 – inizio delle indagini e del progetto.

Le indagini, svolte durante il progetto preliminare di bonifica, consentirono di stimare un volume totale di rifiuti di circa 95.600 metri cubi, di cui circa l'80% costituito da rifiuti pericolosi, ed un volume di suolo circostante contaminato di circa 91.200 metri cubi.

Considerando una capacità volumetrica di un autotreno di 80 metri cubi, furono verosimilmente impiegati circa 1195 autotreni per riempire la cava, che in 8 anni di attività corrispondono a circa 150 autotreni l'anno.

Il progetto preliminare di bonifica fu redatto secondo la normativa allora in vigore (D.M. 471/99), che prevedeva:

- piano della caratterizzazione;
- progetto preliminare;
- progetto definitivo (esecutivo);
- lavori di bonifica.

Una generica WBS (Work Breakdown Structure, struttura di scomposizione del lavoro) per un progetto preliminare di bonifica poteva includere:
- rilievo topografico georeferenziato;
- prospezioni geofisiche;
- indagini geognostiche;
- installazione di piezometri;
- indagini idrogeologiche (prove di portata, rilievi di falda);
- indagini pedologiche;
- prelievo campioni;
- analisi chimiche, fisiche, biologiche e della radioattività;
- test di trattabilità;
- elaborazione del progetto preliminare di bonifica.

Per il sito in esame, in particolare, furono aggiunte le attività di dissequestro temporaneo del sito e rilascio dei permessi di accesso.

Per poter redigere il cronoprogramma di progetto e per assegnare tempi, risorse e costi alle attività individuate nella WBS, era necessario conoscere le risorse interne all'azienda, cioè i profili professionali aziendali ed il relativo numero di unità e la disponibilità di mezzi e di attrezzature. Per quanto non disponibile all'interno si sarebbe dovuto ricorrere a fornitori esterni.

La struttura aziendale era del tipo a matrice debole. Il project manager aveva ruolo ed autorità limitati, era coinvolto in diversi progetti contemporaneamente, non aveva controllo sulle risorse umane, aveva risorse economiche limitate, aveva difficoltà di relazione con gli altri manager funzionali, soprattutto perché si occupavano di un diverso settore aziendale, quello dei rifiuti speciali, considerato il settore strategico dell'azienda. Il direttore tecnico si trovava in un'altra sede, a notevole distanza dall'ufficio operativo, non aveva esperienza nella bonifica dei siti contaminati e non conosceva le risorse umane coinvolte nel progetto. La sede di lavoro e gli orari di lavoro del project manager e degli operai erano diversi tra loro e differivano anche dai consueti orari di lavoro dei fornitori in cantiere. Non erano previste opportunità di avanzamento di carriera o di sviluppo professionale, né per il project manager, né per gli operai. L'uso delle procedure di project management era apprezzato, ma non richiesto o adottato dall'azienda. L'azienda aderiva alle ISO 9000.

Gli operai destinati al progetto furono scelti dai soli manager funzionali, indipendentemente dalle richieste e dalle necessità del project manager, e non fu possibile avere i loro curricula e la descrizione delle loro mansioni in azienda. Furono assegnati al progetto: 1 geometra a tempo pieno, con il ruolo di coordinatore, 14 operai part-time suddivisi in due turni al giorno, 2 preposti part-time, uno per ogni turno, ed i loro autisti. Nessuno di loro aveva esperienza nella bonifica di siti contaminati e provenivano da svariati settori. I curricula furono raccolti chiedendoli direttamente agli interessati, con la specifica richiesta di indicare anche le esperienze lavorative "in nero".

Il geometra aveva più di venti anni di esperienza lavorativa in cantieri edili e ferroviari. Gli operai avevano in media 37 anni di attività lavorativa alle spalle, di cui una media di circa il 46% (17 anni) di varie indennità di disoccupazione, distribuite tra cassa integrazione, mobilità ed L.S.U. (lavoratori socialmente utili), e quindi un periodo di lavoro effettivo di circa il 54% (20 anni), con una media del 36% di lavoro nero (13 anni) e quindi solo circa 7 anni di lavoro regolare.

Erano un gruppo molto eterogeneo. Avevano lavorato in precedenza come operai in cantieri edili, nell'industria dei metalli, nelle perforazioni, nella carpenteria metallica, erano operai tessili, operai meccanici, tagliatori di marmo, tagliatori di pelli, saldatori elettrici, cuochi.

Solo con l'ausilio di una metodologia organizzata e strutturata fu possibile garantire la buon riuscita del progetto. Si fece in pratica ricorso all'applicazione di strumenti, tecniche e procedure proprie del project management.

La prima questione da risolvere riguardava il fatto che i componenti della squadra di lavoro, operai e project manager, non si conoscevano gli uni con gli altri. I lavoratori avevano una cattiva impressione dei loro colleghi d'ufficio, compreso il project manager, erano sospettosi e diffidenti. La soluzione adottata fu quella di recarsi sul sito ogni giorno e di trascorrere la maggior parte del tempo lavorando con gli operai sul posto, con qualunque condizione meteorologica, rendendo in qualche modo possibile una "co-location".

La seconda questione riguardava la consapevolezza che i lavoratori non avevano esperienza o formazione nel settore delle bonifiche dei siti contaminati. La soluzione fu quella di istruire direttamente la squadra sul lavoro da svolgere, di informare gli operai sui principali aspetti del lavoro (specifiche tecniche, leggi e regolamenti, cronoprogrammi, rischi, accordi con i fornitori, questioni tecnologiche, relazioni con soggetti terzi, uso delle attrezzature) e di distribuire dispense, promemoria, linee guida e modulistica.

La terza questione riguardava il fatto che il project manager non poteva utilizzare aumenti di paga o avanzamenti di carriera per ricompensare i lavoratori. Le relazioni tra l'ufficio operativo e gli operai erano molto difficili a causa delle politiche aziendali. Il project manager non aveva alcuna influenza sulle opinioni, sulle decisioni e sulle politiche aziendali. Il project manager non aveva alcuna autorità per la risoluzione dei problemi o dei conflitti dei lavoratori con l'azienda. Gli operai avevano scarsi mezzi ed attrezzature a disposizione. La soluzione fu quella di ammettere di avere gli stessi problemi dei lavoratori e nessuna autorità o influenza sull'azienda e di chiedere la loro collaborazione e il loro aiuto per risolvere insieme i problemi comuni.

La quarta questione riguardava il fatto che gli operai avevano orari di lavoro rigidi ed inusuali, diversi da quelli del project manager e diversi da quelli dei fornitori. La soluzione adottata fu quella di delegare al geometra coordinatore l'autorità di prendere decisioni durante l'assenza del project manager, in accordo con le istruzioni e con la formazione impartite.

La quinta questione riguardava il fatto che gli operai avrebbero potuto rifiutarsi di eseguire il loro lavoro senza incorrere in significative conseguenze. La soluzione fu quella di risolvere i problemi precedenti.

I risultati furono più che soddisfacenti. Durante i lavori sul sito da bonificare i lavoratori furono in grado di svolgere attività di decespugliamento, tracciamento, scavo di trincee, misure freatimetriche, prove sui piezometri in assorbimento ed in emungimento, decontaminazione delle attrezzature di perforazione, raccolta delle acque reflue, assistenza ai campionamenti ed ai fornitori. Il geometra coordinatore contribuì anche a gestire in sito i rapporti con i confinanti, con gli ispettori degli organi di certificazione e di controllo, con le autorità locali e con gli organi di pubblica sicurezza. Tutti contribuirono alla buona riuscita del progetto, prestando la loro opera con professionalità e con impegno.

Il progetto preliminare di bonifica terminò nel Novembre del 2005 e fu approvato dal Ministero dell'Ambiente nell'Aprile del 2006.

3.3.2 Progetto di ricostruzione post disastro

I disastri, sia naturali, sia antropici, sono tutti caratterizzati da grande incertezza, complessità e carica emotiva. Possono essere: terremoti, bradisismo, maremoti, esondazioni, epidemie, alluvioni, incendi, frane, eruzioni vulcaniche. L'Italia, per sue caratteristiche intrinseche, è un paese esposto a molti di questi rischi e molto di frequente.

Al verificarsi della calamità seguono immediatamente le fasi di risposta e di soccorso, in genere affidate alla Croce Rossa, ai vigili del fuoco, alla protezione civile, all'esercito, alle organizzazioni umanitarie. Molto spesso le risorse locali, sia umane, sia materiali, sono esse stesse state colpite dal disastro e c'è bisogno di aiuti e di interventi provenienti dall'esterno dell'area colpita. La calamità potrebbe anche essere di dimensioni tali, per la sua estensione o per le sue caratteristiche, da richiedere l'intervento di paesi stranieri.

I queste prime fasi il riferimento è il Manuale Sfera, pubblicato nel 2000 dalle Nazioni Unite, disponibile in diverse lingue e nato da una collaborazione tra Croce Rossa Internazionale, Mezza Luna Rossa e varie organizzazioni non governative (ONG) internazionali. Nelle fasi iniziali, di risposta al disastro e di soccorso, è necessario garantire che le condizioni di vita delle persone colpite dalla calamità soddisfino almeno le Norme Minime previste dal Manuale Sfera. Si effettua un esame iniziale dell'area interessata dal disastro per comprendere l'impatto della calamità sulla salute e sui mezzi di sostentamento della popolazione colpita. Il Manuale Sfera suggerisce di effettuare una valutazione generale per ciascun settore tecnico relativo a:
1. acque e servizi igienico-sanitari;
2. nutrizione;
3. aiuti alimentari;
4. rifugi;

5. assistenza sanitaria.

La ricostruzione post disastro inizia in genere dai quattro ai sei mesi successivi al verificarsi della calamità e solo quando siano disponibili appropriati finanziamenti.

I progetti di ricostruzione post disastro, per le caratteristiche delle calamità sopra elencate di incertezza, complessità e carica emotiva, hanno bisogno di essere gestiti in maniera strutturata ed organizzata per produrre dei risultati efficaci. I loro risultati, secondo la definizione di progetto del project management, possono essere sia prodotti, ad esempio costruzione di scuole, abitazioni, infrastrutture viarie, idrauliche o fognarie, sia servizi, ad esempio di assistenza sanitaria o psicologica alle vittime del disastro.

In questi progetti è necessario attenersi al seguente ordine di priorità:
1. tempi;
2. costi;
3. stakeholder.

Gli stakeholder sono tutti i soggetti interessati, direttamente o indirettamente, al progetto o dal progetto, primi fra tutti i beneficiari del progetto vittime del disastro. La loro partecipazione attiva è richiesta in tutte le fasi del progetto ed è indispensabile per il conseguimento di risultati di qualità.

I progetti di ricostruzione post disastro dovrebbero istituire e costituire un legame con il territorio e con le popolazioni colpite dalla calamità. Sono visti infatti anche come strumento di aggregazione e di collaborazione in loco, per consentire alle vittime di superare insieme ed unite il periodo di difficoltà.

È indispensabile coinvolgere le vittime del disastro nel progetto sin dalla fase di pianificazione, non solo per tenere conto delle loro esigenze, ma anche per raccogliere maggiori e dettagliate informazioni sulla realtà locale. Potrebbe essere necessario, in questa fase, ricorrere anche ad esperti del settore ed a documentazione disponibile su progetti simili già realizzati e su calamità simili già verificatesi, per fare riferimento a dati certi e verificabili e non ad informazioni aneddotiche.

In un progetto di ricostruzione post disastro si deve redigere un piano di sostenibilità (PMIEF®, 2005), che è un piano operativo a lungo termine. Mentre i progetti, per loro natura, sono temporanei ed hanno un inizio ed una fine ben definiti, i loro prodotti, servizi o risultati durano nel tempo. A progetto completato bisognerà assicurarsi che le vittime del disastro siano in grado di continuare a sostenersi, rendendo minimo l'impatto della smobilitazione e fornendo continuità a quanto consegnato al termine del progetto. Se, ad esempio, è stata fornita assistenza sanitaria a seguito di un'epidemia, si potrebbe pensare ad un piano di vaccinazioni nell'ottica del lungo termine. Se invece è stato costruito un edificio, lo si potrebbe progettare per operazioni future di esercizio e di manutenzione facili ed economiche.

Anche la pianificazione degli approvvigionamenti dovrebbe essere fatta nell'ottica della sostenibilità dell'area colpita dal disastro. Ciò significa, ad esempio, creare opportunità di lavoro nell'area colpita dalla calamità, scegliere fornitori locali o comunque apprezzati dalla comunità locale ed utilizzare risorse materiali del posto.

Un esempio positivo di progetto (PM Network®, 2009) di ricostruzione post disastro, ed insieme di edilizia sostenibile, è rappresentato dalla realizzazione di singole unità abitative di alloggi popolari a New Orleans, Stati Uniti, dopo l'uragano Katrina, che nel 2005 colpì la regione costiera del Golfo del Messico. Le nuove case prefabbricate si trovano in uno dei quartieri più poveri della città e maggiormente colpiti dal disastro. Hanno, se necessario, la possibilità di galleggiare, sollevandosi fino a più di tre metri dal suolo e restando ancorate. Sono dotate di cisterna per la raccolta di acqua piovana, pannelli solari, dispositivi per il risparmio idrico ed energetico, elevato isolamento termico. Hanno una certa autonomia idrica ed energetica in caso di necessità. Sono state realizzate dalla fondazione "Make it right", finanziata dall'attore Brad Pitt, e sono state progettate con il coinvolgimento di studenti e di docenti universitari statunitensi.

3.3.3 Progetto secondo gli "Equator Principles"

Gli "Equator Principles" della IFC (International Finance Corporation) della Banca Mondiale sono strumenti finanziari internazionali nel settore delle energie rinnovabili e riguardano soprattutto progetti realizzati nei paesi in via di sviluppo, nei quali la domanda di energia è sempre più in crescita ed in cui la rete di distribuzione dell'energia elettrica non copre l'intero territorio. Ad esempio, a tutt'oggi, in India circa quattrocento milioni di persone vivono senza corrente elettrica (PM Network®, 2011).

Sono un insieme di norme volontarie per la determinazione, la valutazione e la gestione dei rischi sociali ed ambientali nella finanza di progetto (Deshpande, 2011 e IFC, 2006). Sono stati adottati il 4 Giugno 2003 a seguito di un accordo tra dieci banche, raggiunto per salvaguardare gli investimenti dai rischi sociali ed ambientali.

Si applicano a tutti i settori industriali e solo per nuovi progetti, che prevedano un investimento non inferiore ai 10 milioni di dollari. Ad oggi aderiscono a queste norme volontarie circa settanta tra grandi banche e gruppi finanziari nel mondo, rappresentando circa l'85 % del mercato globale della finanza di progetto. Mentre i progetti sono realizzati per la maggior parte nei paesi in via di sviluppo, le banche hanno sede soprattutto nei paesi già sviluppati.

La gestione dei rischi sociali ed ambientali, già nelle prime fasi del progetto, limita le possibilità che il progetto stesso possa essere ritardato, sospeso o cancellato. Con questo strumento finanziario gli investitori, a salvaguardia del loro stesso investimento, desiderano avere la sicurezza che i progetti siano realizzati in modo socialmente responsabile e secondo le migliori e più aggiornate pratiche di gestione dell'ambiente. Con la finanza di progetto gli investitori non possono, o possono solo in minima parte, rivalersi sul patrimonio di chi realizza il progetto e devono quindi garantirsi in anticipo da qualunque pericolo possa minacciare i ricavi connessi con la realizzazione del progetto stesso. L'investimento si ripaga principalmente con il flusso di cassa del progetto. Per questi motivi sono importanti sia la corretta gestione del progetto, il project management, sia una esatta valutazione dei rischi sociali ed ambientali. È nell'interesse di tutti che il progetto vada a buon fine.

I paesi in via di sviluppo, in continua crescita, hanno sempre più bisogno di energia. Laddove scarseggiano i combustibili fossili e le reti di distribuzione dell'energia elettrica sono poco sviluppate e dove il costo stesso dell'energia elettrica è elevato, si realizzano grandi progetti nel campo delle energie rinnovabili sfruttando sole, vento, maree ed energia geotermica per evitare di importare gas, petrolio e carbone. Inoltre, dove la rete di distribuzione dell'energia elettrica non arriva, si punta sulla generazione distribuita di energia da fonti rinnovabili. Ad esempio in India la International Finance Corporation ha investito circa un miliardo di dollari per lo sviluppo di progetti nel settore delle energie rinnovabili e molti altri investimenti riguardano paesi come Marocco, Cina, Tailandia, Filippine, Nigeria, Etiopia, Kenia, Rwanda. I paesi con maggiore esperienza e più avanzati nell'uso delle energie rinnovabili sono proprio quelli in via di sviluppo.

Gli Equator Principle della Banca Mondiale suddividono i progetti in tre categorie, a seconda che il potenziale rischio sociale ed ambientale ad essi associato sia alto, medio o basso:
- A. progetti con potenziali impatti sociali ed ambientali avversi significativi, numerosi, irreversibili o senza precedenti;
- B. progetti con potenziali impatti sociali ed ambientali avversi limitati, in numero scarso, generalmente sito

specifici, in gran parte reversibili e subito risolvibili attraverso misure di mitigazione;
C. progetti con impatti sociali ed ambientali minimi o assenti.

Per i progetti ad alto e medio rischio sono previste una serie di valutazioni, condotte in modo ed in dettaglio tali da soddisfare le esigenze dei finanziatori in funzione delle peculiarità del progetto stesso, e la redazione di un piano di gestione dei rischi.

Le valutazioni possono riguardare settori quali la sicurezza sul lavoro, la salute e la sicurezza della popolazione, l'esame di più alternative, la legislazione ed i regolamenti vigenti locali ed internazionali, la salvaguardia dei diritti umani e delle identità culturali, la salvaguardia della biodiversità, delle specie e delle aree protette, l'uso e la gestione sostenibili delle risorse naturali rinnovabili, gli impatti socio-economici, la salvaguardia delle minoranze etniche, l'uso corretto di sostanze pericolose, l'uso efficiente delle risorse energetiche, la corretta gestione dei rifiuti, la prevenzione ed il controllo di qualunque forma di inquinamento.

I progetti devono rispettare le linee guida su ambiente, salute e sicurezza per lo specifico settore industriale.

Per i progetti delle categorie A e B relativi a paesi in via di sviluppo o non ad alto reddito, così come raggruppati dalla Banca Mondiale in specifici elenchi, sono richieste la redazione di un piano di azione e l'individuazione di un sistema di gestione sociale ed ambientale, comprendenti anche misure di mitigazione e di monitoraggio. Il piano di azione, a seconda della complessità del progetto, potrà essere costituito da un'unica relazione oppure da un insieme di più documenti. Il sistema di gestione comprende ad esempio la valutazione sociale ed ambientale, il programma di gestione, la formazione, il coinvolgimento della comunità alla quale il progetto è destinato.

Per i paesi ad alto reddito i piani di azione sono redatti in conformità alle relative vigenti leggi locali.

Per i progetti delle categorie A e B, relativi a paesi in via di sviluppo o non ad alto reddito, gli Equator Principle prevedono una consultazione pubblica per informare la popolazione sulle caratteristiche del progetto e sugli studi condotti sui suoi possibili impatti sociali ed ambientali e per raccogliere, gestire e risolvere eventuali dissensi e preoccupazioni emersi nella comunità a cui il progetto è destinato. Questa fase deve essere gestita attraverso un apposito piano strutturato, che tenga in considerazione le esigenze della popolazione, l'uso della lingua locale prevalente e le diversità culturali. Questa fase di consultazione, soprattutto per i progetti di categoria A, i più delicati, deve avere luogo il più presto possibile e comunque molto prima che il progetto abbia inizio e deve continuare anche nel corso della realizzazione del progetto stesso.

Per gli stessi progetti, di cui sopra, deve essere reso pubblico il previsto meccanismo di gestione per la risoluzione di eventuali conflitti relativi a questioni sociali ed ambientali, che possano preoccupare o danneggiare singoli individui o gruppi di individui appartenenti alla popolazione interessata dal progetto stesso. La procedura dovrà essere semplice, trasparente e veloce e dovrà svolgersi nel rispetto delle tradizioni culturali locali.

Per tutti i progetti ricadenti nella categoria A, e se richiesto dai finanziatori anche per quelli della categoria B, è prevista una revisione indipendente della documentazione da parte di un soggetto terzo esterno, al fine di valutarne la conformità agli Equator Principle.

Il finanziamento è inoltre subordinato all'impegno del rispetto continuo di una serie di leggi e di regolamenti sociali ed ambientali. Per tutta la durata del finanziamento, per i progetti della categoria A, e dove richiesto dai finanziatori anche per la categoria B, ci sarà un esperto esterno in tematiche sociali ed ambientali, che controllerà continuamente la loro conformità e che fornirà relazioni periodiche sullo stato dell'arte.

Tutti i progetti finanziati dalla International Finance Corporation sono resi pubblici, fatti salvi i dati riservati, con cadenza almeno annuale, al fine di fornire esempi pratici sull'adozione degli Equator Principle nei progetti realizzati.

4. Investimenti e progetti

4.1 Differenza tra investimento e progetto

La differenza tra investimento e progetto emerge con chiarezza dalla descrizione degli Equator Principle riportata in precedenza. I progetti vengono finanziati solo se l'investimento soddisfa particolari caratteristiche. L'analisi dell'investimento precede la gestione del progetto.

Per i progetti sostenibili l'analisi dell'investimento (Gareis et al., 2013) non si svolge più solo secondo gli schemi classici:

— valutazione economica dell'investimento (l'investimento si ripaga principalmente con il flusso di cassa del progetto);

— valutazione costi-benefici (studio dell'investimento condotto in modo ed in dettaglio tali da soddisfare le esigenze dei finanziatori);

ma comprende anche:

- valutazione costi-benefici sociali (considera gli impatti dell'investimento sul lungo termine e su tutti i soggetti interessati);
- analisi dell'impatto ambientale (considera gli impatti ambientali);
- analisi del contesto dell'investimento (considera le relazioni con altri investimenti correlati).

Gli investimenti sostenibili considerano il punto di vista di tutte le parti interessate dal ed al progetto.

Mentre il progetto per definizione è temporaneo, l'investimento per essere sostenibile dovrebbe essere analizzato sul lungo periodo.

Alcuni autori (Carboni et al., 2013) suggeriscono di redigere un piano di gestione della sostenibilità per tenerne conto in fase di analisi e di valutazione dell'investimento, soprattutto per i suoi impatti sulla gestione delle risorse e sui rischi di progetto. Questa denominazione crea in realtà confusione, poiché la gestione è successiva alla fase decisionale ed accompagna lo sviluppo di un progetto già approvato. In fase di valutazione di un investimento, sarebbe più giusto parlare di una Carta della sostenibilità o Sustainability Charter, come quella adottata dall'ospedale Nord di Vienna (Vienna Hospital Association, 2010) e solo successivamente integrata nel piano di gestione del progetto (o meglio, dei progetti e del programma) approvato.

Un progetto ha inizio solo quando l'investimento è stato analizzato ed approvato, quando è stata scelta la struttura aziendale che lo eseguirà ed è stato ufficialmente incaricato il project manager. Il documento che sancisce l'inizio di un progetto è di norma denominato project charter o piano di progetto.

Si fornisce di seguito un esempio di valutazione dei costi-benefici sociali.

4.1.1 Valore d'uso sociale dei beni ambientali

Il valore d'uso sociale dei beni ambientali coinvolge contemporaneamente tutti e tre gli aspetti della sostenibilità: economico (valore), sociale (uso sociale) ed ambientale (beni ambientali).

Per eseguire l'analisi economica di un investimento bisogna stimarne il valore economico e ciò vale anche per gli investimenti in campo ambientale. L'analisi economica è riferita alla collettività, da qui il suo legame con gli aspetti sociali, e si distingue dall'analisi finanziaria, che riguarda invece il solo operatore privato che la intraprende (Forte, 1977).

Il valore d'uso sociale (o valore economico) di un bene ambientale è riferito all'apprezzamento, che ne ha la società in funzione della sua utilità e della sua fruibilità collettiva. La stima del valore d'uso sociale coinvolge anche dei fattori non facilmente quantificabili in termini di efficienza economica, che non possono essere definiti in termini di redditività, non sono esprimibili direttamente in moneta e, come tali, ricadono nel gruppo dei cosiddetti *"intangibles"*.

Prima di procedere nella trattazione sono d'obbligo alcuni brevi e non esaustivi richiami di microeconomia. Il bene economico è un prodotto o un servizio, che abbia caratteristiche di utilità, fruibilità e limitata disponibilità. Può essere durevole o non durevole, presente o futuro.

Il valore di scambio o di mercato è il più probabile valore, espresso in moneta, di un bene economico scambiato in un mercato ed è un dato storico legato al particolare mercato. Il valore di costo è la somma dei valori di mercato di tutti i fattori produttivi occorrenti per la produzione del bene. La produzione è la trasformazione di beni naturali o materiali in beni economici di maggiore utilità. Il valore complementare è il valore di costo più il deprezzamento. Il valore di trasformazione è il valore di mercato dopo la trasformazione meno il costo delle opere necessarie alla trasformazione. Il valore di surrogazione è il valore di mercato di un altro bene economico con la stessa utilità. Per tutti i dettagli sulle succitate definizioni e sulla metodologia estimativa si rimanda alla relativa bibliografia riportata a fine testo (Orefice, 1984).

Il valore dei beni ambientali nasce allorquando i beni naturali come l'acqua, l'aria, il suolo, il territorio e l'ambiente stesso in senso generale si trasformano in beni economici. Non sono più risorse illimitate e la loro disponibilità diviene limitata per qualità o per quantità. Dall'economia aperta del cow-boy si passa all'economia chiusa dell'astronave terra (Boulding, 1966).

Nei tempi andati, in condizioni di deterioramento dell'ambiente naturale o del tessuto sociale, c'era sempre la possibilità di conquistare nuovi spazi più vivibili sul pianeta. Adesso sul nostro pianeta non ci sono più nuovi territori da scoprire e da occupare o frontiere da superare. La terra non è più una distesa sconfinata, ma una sfera finita. Anche l'economia deve oggi guardare al pianeta non più come ad un sistema aperto, ma come ad un sistema chiuso, in cui tutto avviene al suo interno; gli input (ad esempio l'energia e le materie prime) provengono dal suo interno ed anche gli output (ad esempio i rifiuti e le sostanze inquinanti) vi restano dentro. Meccanismi produttivi consumistici, che creano rifiuti ingestibili e che sono basati su obsolescenza pianificata, bisogni fatui ed infondati, prodotti di scarsa qualità e pubblicità ingannevole, non possono garantire il futuro, la sopravvivenza e la conservazione della specie umana. Un'economia sostenibile non dovrebbe assecondare unicamente le urgenze del mercato, ma dovrebbe considerare sempre le necessità delle generazioni future e garantire il passaggio da una visione antropocentrica ad una visione biocentrica.

L'energia pulita, rinnovabile, costituisce oggi la nuova frontiera della crescita economica globale. Anche il prodotto interno lordo PIL, misura del successo economico di un paese, in una economia moderna dovrebbe essere suddiviso in due aliquote, quella derivante dalle energie e dalle risorse rinnovabili e quella dovuta invece alle energie ed alle risorse non rinnovabili.

L'innovazione in campo ambientale si proietta verso la ricerca di processi produttivi e di tecnologie ad alta efficienza energetica, che riducano le esternalità negative associate alla produzione di rifiuti ed all'inquinamento (Nyangon, 2011). I cicli produttivi chiusi, nei quali il fine vita di un vecchio prodotto coincide con l'inizio vita del nuovo prodotto, e non più quelli lineari dovrebbero diventare sempre più la norma e non un esempio eccezionale. Dal punto di vista economico sarebbe necessaria una rivalutazione dei guadagni provenienti dalla produzione di beni durevoli, spostando l'attenzione dai proventi delle sole vendite dei beni di consumo ai guadagni correlati invece con i servizi di esercizio e di manutenzione dei prodotti stessi. La sostenibilità globale è divenuta inoltre requisito essenziale per il finanziamento di molti progetti in campo ambientale (vedasi ad esempio gli Equator Principle).

Alla luce di quanto fin qui esposto, seguono delle considerazioni su alcune possibili metodologie estimative del valore d'uso sociale dei beni ambientali (Forte, 1977).

Il valore di scambio o di mercato (Vm) di un bene è il più probabile valore, espresso in moneta, che un singolo operatore sarebbe disposto a pagare in un determinato mercato per quel bene. Il valore d'uso sociale (Vus) ne differisce in quanto non riguarda un singolo operatore, ma l'apprezzamento dell'intera collettività (valore economico) per quello stesso bene. Questa differenza (positiva o negativa) costituisce il plusvalore sociale del bene ($\Delta V = Vus - Vm$).

Nel campo degli "*intangibles*" sono da considerarsi i benefici diretti alla collettività indotti dai beni ambientali e non esprimibili in termini di efficienza economica. Tra questi possono considerarsi i benefici all'immagine del luogo, allo sviluppo civile e culturale, alla creazione ed alla condivisione della conoscenza, alla trasmissione della memoria storica alle generazioni future, alla salute, intesa come stato di benessere fisico, psichico e sociale, come da definizione dell'Organizzazione Mondiale della Sanità. In questo caso il valore d'uso sociale potrebbe essere determinato con la cosiddetta disponibilità a pagare o "willingness to pay", intervistando un campione selezionato e significativo di possibili fruitori del bene ambientale. I risultati di un tale sondaggio sarebbero comunque suscettibili di valutazioni soggettive.

Una possibile valutazione del plusvalore sociale ΔV del bene ambientale potrebbe derivare dall'*attualizzazione della spesa annua* S, attualizzata al tasso r del rendimento sociale, per la sua conservazione, manutenzione, vigilanza, tutela e promozione.

$$\Delta V = S / r \quad ;$$
$$Vus = Vm + S / r \quad .$$

In questo calcolo il tasso di rendimento di un investimento pubblico e sociale (tasso del costo di opportunità sociale) risulterà necessariamente inferiore al tasso finanziario di rendimento dell'investimento privato.

Altra metodologia estimativa è quella del *prezzo ombra*, Po, o prezzo di conto, o "*shadow price*". Il prezzo ombra è il prezzo che riflette il valore sociale di un bene o di un servizio del quale non esiste mercato.

Può essere calcolato con una delle seguenti modalità:
- applicando i prezzi effettivi verificatisi in altri mercati per usufruire dei medesimi beni e servizi;
- calcolando gli *effetti esterni* con riferimento ai prezzi di mercato;
- stimando il prezzo ombra con una decisione politica in coerenza con l'obiettivo definito.

Nel primo caso, non sempre i beni ambientali italiani sono paragonabili a quelli di altri paesi; si pensi ad esempio ai parchi archeologici e naturali sommersi di Baia e della Gaiola, alle cavità di Napoli sotterranea oppure al Cimitero delle Fontanelle.

Nel secondo caso, *effetti esterni*, solo gli incrementi dei redditi turistici sono facilmente valutabili. Una stima del plusvalore sociale dei beni ambientali, in termini di efficienza economica, si potrebbe ottenere attualizzando ad un congruo saggio di redditività sociale l'incremento netto al reddito, nazionale o locale, derivante dall'aliquota del flusso turistico complessivo annuo da essi indotto. Sono oramai molto diffusi il turismo ambientale e quello connesso con i luoghi naturali d'ambientazione cinematografica.

Difficile è invece la stima dell'incremento di benessere sociale raggiunto con la fruizione del bene naturale. Una valutazione dell'incremento del grado di istruzione perseguito potrebbe tenere in conto il valore dei corsi erogati sui beni ambientali e nei beni ambientali stessi, i libri, le pubblicazioni ed i documentari, i seminari ed i convegni, gli spettacoli teatrali ed i concerti organizzati nei boschi, sulle dune costiere o nelle cavità sotterranee. Molti sono i corsi e le attività culturali ad esempio su temi quali speleologia, arrampicata, trekking, alpinismo, subacquea, botanica, evoluzione della specie, biologia, geologia, biodiversità, astronomia, fotografia e simili.

Potrebbero inoltre valutarsi e portarsi in conto i danni ambientali evitati, e quindi i costi risparmiati, con la salvaguardia e la protezione del patrimonio ambientale, ad esempio i danni economici ad un tratto di costa non più balneabile per inquinamento da scarico di acque reflue non depurate.

Nel terzo caso, decisione politica, il valore d'uso sociale deriverebbe direttamente dall'importanza che la collettività, attraverso la classe politica che democraticamente la rappresenta, attribuisce al patrimonio dei beni ambientali. Se, ad esempio, tra gli obiettivi politici vi è il miglioramento della qualità della vita, allora la fruizione e la tutela dei beni ambientali saranno un mezzo idoneo per perseguirlo ed il bene ambientale avrà per la società un valore d'uso o economico maggiore del suo valore di scambio o di mercato.

Il valore d'uso sociale dei beni ambientali è strettamente correlato con la sostenibilità globale.

5. Sostenibilità globale e project management

5.1 Come gestire un progetto in modo sostenibile

Il modo migliore per gestire un progetto in maniera sostenibile è:

- seguire uno standard;
- includere obiettivi di sostenibilità dall'avvio.

Uno standard di riferimento è l'ISO 21500 *"Guidance on project management"* del 2013.

Si possono distinguere cinque gruppi di processi e dieci aree di conoscenza, come riportato nella Tabella 5.1.

A seconda delle particolarità del progetto e delle sue caratteristiche si scelgono i processi necessari tra quelli disponibili nello standard di riferimento.

Tabella 5.1 – Gruppi di processi ed aree di conoscenza

5 gruppi di processi	10 aree di conoscenza
– Avvio – Pianificazione – Esecuzione – Monitoraggio e controllo – Chiusura	– Integrazione – Ambito (o contenuto) del progetto – Tempi – Costi – Qualità – Risorse umane – Comunicazioni – Rischi – Approvvigionamenti – Stakeholder

Per la buona riuscita del progetto è necessario che gli obiettivi di sostenibilità siano già inclusi nei documenti, che danno inizio al progetto stesso (ad esempio nel project charter o piano di progetto). Questo significa che gli obiettivi di sostenibilità sono già stati considerati nell'analisi dell'investimento e che il project manager ed il suo gruppo di progetto sono stati scelti in base alle loro specifiche competenze nel settore e ne conoscono e ne condividono i valori di base, condivisi peraltro dall'azienda stessa ed inclusi nelle strategie aziendali. I valori di base sono riportati e descritti ad esempio in GRI (2011), ISO 26000 e UN Global Compact (2011).

I principi dello sviluppo sostenibile (Gareis et al., 2013), che conferiscono una visione olistica al progetto, sono:
- sostenibilità ambientale, sociale ed economica;
- prospettiva a breve, medio e lungo termine;
- prospettiva locale, regionale e globale;
- condivisione dei valori di base.

Tra i valori di base, oltre al rispetto della legalità e di un codice etico, c'è ad esempio la consapevolezza della necessità di un'ampia partecipazione degli stakeholder e della necessità di conferimento di ampia autorità decisionale a più soggetti (corrispondente al termine inglese "empowering"), che implichi un certo grado di autonomia e di responsabilità, evitando organigrammi con accentramento di potere.

Tra i principi della sostenibilità (Silvius et al., 2012) c'è anche quello di consumare i ricavi e non il capitale. Significa che tutte le risorse non dovrebbero essere consumate più velocemente di quanto possano essere rigenerate. Il concetto si applica anche alle risorse umane, importante bene aziendale, che deve essere preservato nel tempo.

L'etica del project manager sostenibile (Silvius et al., 2012) si basa sull'osservanza di un codice etico, o di condotta, e prevede di operare delle scelte o di prendere delle decisioni che trovino un giusto equilibrio tra gli aspetti sociali, economici ed ambientali nel rispetto dei principi della sostenibilità e delle strategie aziendali.

Il project manager, davanti ad un dilemma etico, può scegliere tra due tipi di approccio:
- etica utilitaria;
- etica deontologica.

L'etica utilitaria guarda alle future conseguenze ed alla massima utilità futura di tutte le azioni, che è possibile intraprendere in quella circostanza per tutti gli stakeholder del progetto.

L'etica deontologica si riferisce a leggi morali condivisibili da tutti, che dovrebbero essere leggi morali naturali universali, non influenzate dai nostri sensi e dalle nostre tradizioni (Silvius et al., 2012, che cita Immanuel Kant, 1797).

Nel rispetto della sostenibilità globale, qualunque strumento decisionale etico disponibile (ad esempio PMI®, 2012) si scelga di usare, il suggerimento è quello di considerare dei valori assoluti indipendenti dal luogo, che potrebbe essere ovunque, o dal tempo, che potrebbe essere anche futuro, nell'analisi di scenari e di alternative possibili.

5.2 Project charter o piano di progetto

Come evidenziato nel paragrafo precedente, il modo migliore per gestire un progetto in maniera sostenibile è che gli obiettivi di sostenibilità siano già stati considerati nell'analisi dell'investimento ed inclusi in fase di avvio.

Il progetto potrà essere:
- sostenibile per sua stessa natura;
- che crea prodotti, risultati o servizi sostenibili;
- gestito in maniera sostenibile.

Nei progetti che creano prodotti, risultati o servizi sostenibili, la sostenibilità può essere intesa come un requisito di qualità e dovrebbe essere inclusa nelle specifiche tecniche del prodotto, servizio o risultato fornito.

Nel seguito si farà riferimento ad un progetto che crea prodotti, risultati o servizi sostenibili e che viene gestito in maniera sostenibile.

Nella redazione del project charter o piano di progetto la descrizione del progetto dovrà includere, in maniera sommaria ma esaustiva, lo scopo generale del progetto, la descrizione dei prodotti, risultati o servizi sostenibili, che si vogliono fornire sia al termine del progetto, sia alle scadenze intermedie, la WBS, l'uso sostenibile delle risorse, i tempi del progetto e l'ambito del progetto, cioè cosa è compreso e cosa è escluso dal progetto.

Nelle motivazioni bisognerà indicare le ragioni, che hanno portato all'approvazione dell'investimento economico, ed i beneficiari del progetto. Dovranno essere forniti dati sull'analisi dell'investimento.

Gli obiettivi del progetto dovranno includere obiettivi di sostenibilità ambientale, sociale ed economica, sul breve, medio e lungo termine, su scala locale, regionale e globale, e dovranno essere specifici, misurabili, condivisi, realistici e temporalmente collocati.

Dovranno essere identificati e descritti gli stakeholder del progetto, le loro esigenze e le loro richieste. Gli stakeholder possono variare al progredire del progetto nel tempo. Stakeholder sono anche le generazioni future. Anche le esigenze e le richieste degli stakeholder devono essere valutate in campo ambientale, sociale ed economico, sul breve, medio e lungo termine, su scala locale, regionale e globale.

Negli assunti e nei vincoli si dovranno indicare i criteri di sostenibilità adottati, ad esempio potrebbero essere imposti dei vincoli sulla scelta di fornitori, che soddisfino particolari requisiti di sostenibilità, come la sottoscrizione del UN Global Compact. Negli assunti potrebbe essere inclusa la condivisione dei valori base di sostenibilità da parte di tutti i soggetti coinvolti.

Nella valutazione dei rischi e delle opportunità si dovranno considerare sia i rischi e le opportunità per il progetto, sia i rischi e le opportunità per gli stakeholder in campo ambientale, sociale ed economico, sul breve, medio e lungo termine, su scala locale, regionale e globale.

Le forniture del progetto dovranno essere descritte nelle loro caratteristiche temporali (scadenze, tempi di consegna), di costi e qualitative. In particolare ai requisiti tecnici dovranno affiancarsi i requisiti qualitativi di sostenibilità. La descrizione dei prodotti, servizi o risultati dovrà essere sufficientemente chiara e comprensibile, affinché il gruppo di progetto possa realizzarli correttamente e nel rispetto degli accordi per le relative consegne. Dovrà in particolare essere indicato cosa è compreso nelle forniture e cosa è escluso dalle stesse.

I tempi del progetto dovranno considerare sia la fornitura finale, sia i tempi di consegna e le scadenze intermedie. Un progetto, che tenga conto anche delle generazioni future, dovrà riportare delle considerazioni sul lungo termine, che vanno oltre le forniture stesse ed i tempi propri del progetto, e che coinvolgono anche l'uso dei risultati, prodotti e servizi forniti con il progetto e la loro destinazione ultima a fine vita.

Le risorse da utilizzare nel progetto sono economiche, materiali (materie prime, energia, attrezzature, forniture, servizi) ed umane (impiegati, consulenti, lavoratori a contratto). Dovranno essere indicate in quantità, qualità e collocazione temporale. La gestione di tutte le risorse dovrà rispettare i requisiti di sostenibilità. Le scelte sull'uso delle risorse determineranno i costi del progetto e la loro distribuzione temporale.

Il project charter o piano di progetto dovrà indicare anche i criteri di valutazione della buona riuscita del progetto, cioè se gli obiettivi del progetto sono stati raggiunti in maniera soddisfacente. Per questo motivo tutti gli obiettivi del progetto dovranno essere misurabili nel tempo. I benefici del progetto dovranno anch'essi essere individuati e valutati in termini di sostenibilità globale.

Gli obiettivi del progetto possono essere riferiti alle diverse aree di conoscenza, come si riporta ad esempio nella Tabella 5.2, dove rischio + indica una opportunità e rischio – indica un evento negativo per il progetto stesso. Ciascun obiettivo dovrebbe avere una sua collocazione temporale e geografica e dovrebbe indicare un intervallo di valori considerati come accettabili.

Tabella 5.2 – Obiettivi del progetto per aree di conoscenza

Area di conoscenza	Obiettivi economici	Valori ed unità di misura di riferimento	Obiettivi ambientali	Valori ed unità di misura di riferimento	Obiettivi sociali	Valori ed unità di misura di riferimento
Ambito						
Tempi						
Costi						
Qualità						
Risorse umane						
Comunicazioni						
Rischi +/-						
Approvvigionamenti						
Stakeholder						

Ulteriori specifiche indicazioni sulla gestione sostenibile del progetto potranno essere aggiunte al project charter in funzione del particolare contesto esaminato.

5.3 Piano di gestione del progetto

Il piano di gestione del progetto (project management plan) comprende piani come quelli di gestione dei rischi, di gestione delle comunicazioni, di gestione degli stakeholder, di gestione degli approvvigionamenti, di gestione dell'ambito, di gestione delle modifiche, eccetera.

Alcuni autori (Maltzman e Shirley, 2011) suggeriscono di includere un piano separato di gestione ambientale (environmental management plan). In realtà se, come evidenziato da Gareis et al. (2013), si aggiungono gli obiettivi di sostenibilità globale, non solo ambientale, ai documenti di avvio del progetto, questi parametri confluiranno automaticamente in tutti i documenti, che andranno a costituire in seguito il classico piano di gestione del progetto.

Alcuni dei documenti, che formeranno il piano di gestione del progetto e che costituiscono degli esempi significativi ed innovativi nei loro aspetti relativi alla sostenibilità, sono il piano logistico ed il piano di sostenibilità.

5.3.1 Piano logistico

Il piano logistico descriverà politiche, procedure e linee guida per coordinare le risorse materiali ed umane e per garantire che siano movimentate in maniera sostenibile, al fine di soddisfare i requisiti del progetto. Descriverà le attività di coordinamento e di sincronizzazione di movimenti e di spostamenti di persone e di cose nelle migliori condizioni di efficienza, considerandone i risvolti in campo ambientale, sociale ed economico, sul breve, medio e lungo termine, su scala locale, regionale e globale.

È un documento strettamente correlato con il piano di gestione delle risorse umane, con il piano di gestione degli approvvigionamenti e con il cronoprogramma delle attività di progetto.

5.3.2 Piano di sostenibilità

Similmente a quanto si fa nei progetti di ricostruzione post disastro, sarebbe opportuno redigere un piano di sostenibilità, inteso come un piano operativo a lungo termine. Mentre i progetti per loro natura sono temporanei ed hanno un inizio ed una fine ben definiti, i loro prodotti, servizi o risultati durano nel tempo. A progetto completato, bisognerà assicurarsi che gli utilizzatori del prodotto, servizio o risultato siano in grado di gestirlo in maniera sostenibile negli aspetti economici, sociali ed ambientali.

Si pensi ad esempio alla fornitura di elettrodomestici durevoli a basso consumo idrico ed energetico, di facile uso e manutenzione, facilmente riciclabili o smaltibili a fine vita. Altro esempio potrebbe essere la fornitura di un servizio, che crei, conservi ed incrementi le opportunità di lavoro anche a fine progetto. Altro prodotto potrebbe essere un edificio progettato e costruito per durare nel tempo, accessibile e fruibile anche per i disabili, già predisposto per possibili modifiche o ampliamenti e che consenta operazioni di esercizio e di manutenzione facili ed economiche.

Si tratterebbe cioè di operare già in fase di pianificazione e di esecuzione per consegnare un prodotto, servizio o risultato dotato di "manuale" di istruzioni per uso e manutenzione future sostenibili, fornendo continuità a quanto consegnato al termine del progetto.

5.4 Tempi

Il tempo è un concetto di fondamentale importanza in un progetto sostenibile.

Per i progetti sostenibili si possono distinguere vari tempi come:
- tempo del progetto;
- tempo del prodotto, servizio o risultato del progetto;
- tempo delle risorse;
- tempo delle materie prime;
- tempo dell'energia;
- tempo dell'azienda;
- tempo degli stakeholder.

Le riserve di alcune materie prime si rinnovano in tempi corrispondenti ad ere geologiche, ad esempio petrolio e derivati, altre risorse invece si rinnovano in breve tempo, ad esempio l'acqua, attraverso i cicli biogeochimici.

Nel tempo degli stakeholder bisognerebbe considerare anche le generazioni future.

Poiché tra i principi della sostenibilità (Silvius et al., 2012) c'è anche quello di consumare i ricavi e non il capitale, tutte le risorse non dovrebbero essere consumate più velocemente di quanto possano essere rigenerate, anche quelle umane.

Il tempo non è più quindi un concetto legato alla mera redazione del cronoprogramma delle attività, ma riguarda la gestione etica delle risorse umane e materiali nei suoi impatti in campo ambientale, sociale ed economico, sul breve, medio e lungo termine, su scala locale, regionale e globale, e ciò che accade a progetto completato. I tempi scanditi dal classico cronoprogramma di progetto dovranno considerare i tempi e le durate delle attività individuate nella WBS (in genere indicate in settimane), i giorni delle consegne intermedie, i giorni delle scadenze intermedie (consegne e scadenze sono identificate da una data nel cronoprogramma, non avendo durata), il giorno della fornitura finale ed anche i tempi di gestione sostenibile delle risorse.

Un progetto che tenga conto delle generazioni future dovrà riportare anche delle considerazioni sul lungo termine, che vanno oltre le forniture stesse ed i tempi propri del progetto e che coinvolgono anche l'uso dei risultati, prodotti e servizi forniti con il progetto e la loro destinazione ultima a fine vita.

A progetto in corso ed a fine progetto bisognerebbe verificare sempre che gli obiettivi di sostenibilità fissati per i tempi in fase di avvio siano rispettati.

5.5 Costi

I costi sono notevolmente influenzati dai principi della sostenibilità, ad esempio un uso razionale e sostenibile delle risorse potrebbe portare a risparmi sui costi dell'energia, dei combustibili e dei materiali, ad una ottimizzazione dei tempi e ad una migliore organizzazione del lavoro.

La riduzione dei rifiuti di produzione ed una loro corretta gestione nel trattamento e nello smaltimento potrebbe condurre a sostanziali riduzioni dei costi. L'uso di energie rinnovabili potrebbe tutelare dal rischio di potenziali variabilità nei prezzi e nelle forniture.

Anche per i costi gli effetti dovrebbero essere considerati in campo ambientale, sociale ed economico, sul breve, medio e lungo termine, su scala locale, regionale e globale.

Un progetto presenta non solo dei costi economici ma anche dei costi sociali ed ambientali che, se non calcolati o se trascurati, andranno poi a gravare sulla collettività o, nel lungo termine, sulla stessa azienda promotrice del progetto. Dando la precedenza ai soli aspetti economici legati alla redditività del progetto, si decide implicitamente di trasferirne i costi ambientali e sociali sulla comunità, ad esempio con una disinvolta gestione dei rifiuti o con la mancata adozione di dispositivi di sicurezza individuali. Si tratta in realtà solo di un trasferimento di costi, poiché tutte le questioni e le responsabilità, che non vengono affrontate con il progetto, scivolano poi sulla società intera o rimbalzano indietro sull'azienda stessa.

Un approccio sostenibile, in sostituzione di un approccio tradizionale, con la sua analisi omnicomprensiva potrebbe portare alla valutazione di nuove alternative possibili, non ancora esplorate, per ciascuna delle attività previste dalla WBS, suggerendo potenziali abbattimenti dei costi di progetto.

La stima dei costi dovrebbe essere sviluppata in dettaglio per ciascuna attività o scadenza prevista dalla WBS e dal cronoprogramma, redatto anche in base ai criteri di sostenibilità. Tra le voci da considerare vi sono il costo del personale, dei materiali, dell'energia, dei viaggi, dei rifiuti, delle comunicazioni, dei fornitori, eccetera. I costi della movimentazione del personale, dei viaggi e delle comunicazioni possono sicuramente essere contenuti e ridotti con le attuali tecnologie informatiche disponibili ed in fase di innovazione continua. Dall'aggregazione delle singole voci si avrà poi il costo complessivo.

Queste indicazioni generali dovrebbero essere sviluppate in funzione del particolare progetto che si sta elaborando, dello specifico settore di attività e, se necessario, con la consulenza di uno o di più esperti.

A progetto in corso ed a fine progetto bisognerebbe verificare sempre che gli obiettivi di sostenibilità fissati per i costi in fase di avvio siano rispettati.

5.6 Qualità

La qualità può riguardare:
- la gestione sostenibile del progetto;
- la sostenibilità del risultato, prodotto o servizio fornito con il progetto;
- il ciclo di produzione sostenibile del prodotto o risultato oppure le modalità sostenibili di erogazione del servizio.

Come già evidenziato, nei progetti che creano prodotti, risultati o servizi sostenibili la sostenibilità può essere intesa come un requisito di qualità e dovrebbe essere inclusa nelle specifiche tecniche del prodotto, servizio o risultato fornito.

Le forniture del progetto dovrebbero essere descritte nelle loro caratteristiche temporali (scadenze, tempi di consegna) e qualitative. In particolare ai requisiti tecnici dovranno affiancarsi i requisiti qualitativi di sostenibilità.

Un ciclo produttivo sostenibile è un ciclo chiuso e non lineare. Un esempio è quello proposto dalla metodologia C2C® della progettazione cosiddetta Cradle to Cradle®, cioè dalla culla alla culla (Braungart e McDonough, 2002), ideata da Michael Braungart e William McDonough per progettare nuovi processi, prodotti e servizi eliminando il concetto di rifiuto, utilizzando l'energia da fonti rinnovabili, principalmente dal sole, e promuovendo la diversità culturale e biologica. Il modello proposto mira a ripristinare i cicli continui di nutrienti, sia biologici, sia tecnologici, con effetti positivi nel lungo termine su profitti aziendali, ambiente e salute umana.

Gli obiettivi di qualità del progetto dovranno includere obiettivi di sostenibilità, ambientale, sociale ed economica, sul breve, medio e lungo termine, su scala locale, regionale e globale, e dovranno essere specifici, misurabili, condivisi, realistici e temporalmente collocati.

A progetto in corso ed a fine progetto bisognerebbe verificare sempre che gli obiettivi di sostenibilità fissati per la qualità in fase di avvio siano rispettati.

5.7 Risorse umane

La gestione delle risorse umane dipende principalmente dalla cultura e dalla struttura aziendale e si basa sull'osservanza di alcuni valori conosciuti come responsabilità sociale aziendale, come il rispetto dei diritti dei lavoratori, il benessere del luogo di lavoro, i sistemi di gestione sostenibile delle risorse umane, l'esclusione del lavoro minorile, forzato od obbligatorio, il rispetto della salute e della sicurezza sul luogo di lavoro, la libertà di associazione ed il diritto a contratti collettivi, la lotta alla discriminazione, l'orario di lavoro sostenibile, l'esistenza di provvedimenti disciplinari, la garanzia di una equa remunerazione (SAI, 2008). Questi valori di base dovrebbero essere condivisi anche da fornitori, appaltatori e subappaltatori.

La gestione delle risorse umane dipende anche da ambiente di lavoro, ubicazione geografica, comunicazioni, politiche interne ed esterne all'azienda, aspetti culturali, comportamento etico e professionale, doti interpersonali. Può essere analizzata nei suoi risvolti economici, sociali ed ambientali.

L'aspetto economico è strettamente collegato alla produttività, intesa come efficienza dei fattori impiegati nel processo produttivo, e ad evitare sprechi di denaro globali. Riguarda ad esempio la corretta gestione di: salari, gruppi di lavoro virtuali, comunicazioni elettroniche, formazione e certificazione professionale del personale, elargizione di gratifiche, premi e riconoscimenti, sicurezza, ubicazione del luogo di lavoro (ad esempio vicinanza a mezzi di trasporto pubblico), diritti accessori (ad esempio uso di auto aziendale), disponibilità di servizi aziendali (ad esempio parcheggio, mensa, asilo nido, palestra aziendali), organizzazione dei lavoratori pendolari, politiche di amministrazione del personale, uso di tecnologie informatiche per riunioni, eventi, viaggi, colloqui di lavoro, procedure di assunzione, miglioramento delle relazioni interpersonali.

Gli aspetti sociali sono connessi con: equità, salute dei lavoratori sul lungo termine, qualità della vita, miglioramento delle relazioni interpersonali, qualità e miglioramento dell'ambiente di lavoro, benessere, istruzione, valori morali, doti personali, inclusione sociale, adattabilità, reddito sufficiente per i lavoratori per sostenere economicamente se stessi e le loro famiglie, apprendimento e sviluppo personale, servizi per le famiglie, sicurezza sul posto di lavoro, sicurezza personale, opportunità di sviluppare e di migliorare le proprie competenze, comportamento etico, garanzia del rispetto di tutti i diritti umani e dei lavoratori, trasparenza, onestà.

Gli aspetti ambientali sono collegati a: uso di energia pulita e rinnovabile, controllo e riduzione dei rifiuti, adeguati raccolta, deposito e smaltimento dei rifiuti residui, riuso, riciclo, risparmio energetico ed idrico, riutilizzo delle acque, qualità dell'ambiente di lavoro, uso saggio delle risorse naturali, prevenzione dell'inquinamento, protezione di aria, acqua e suolo, conoscenza e miglioramento dell'ambiente naturale.

Alcuni dei parametri sopra citati, come ad esempio la qualità dell'ambiente di lavoro, appaiono ripetuti più volte in contesti differenti a testimonianza del fatto che le componenti ambientali, sociali ed economiche della sostenibilità sono tra loro strettamente interconnesse.

Come precedentemente riportato per i costi, anche per le risorse umane, dando la precedenza ai soli aspetti economici, si decide implicitamente di trasferirne gli impatti ambientali e sociali sulla collettività. Si tratta in realtà solo di una condivisione o di un trasferimento, poiché le relative questioni non vengono affrontate e le responsabilità collegate scivolano sulla comunità intera o sui singoli individui.

Ad esempio, se la formazione continua del personale non è garantita dal datore di lavoro, il lavoratore potrebbe essere costretto ad ottenere delle certificazioni professionali a sue spese oppure, se il luogo di lavoro non è salubre e sicuro, le spese sanitarie potrebbero indirettamente dover essere pagate dall'intera comunità, oppure pessime condizioni di lavoro potrebbero avere impatti negativi sulle relazioni sociali e ricadere sull'intera collettività.

Una buona gestione delle risorse umane di progetto potrebbe portare a condizioni di sostenibilità globale per la società nel suo insieme.

All'interno di un dato contesto aziendale il project manager può adottare degli strumenti e delle tecniche per una gestione sostenibile delle risorse umane assegnate al progetto.

Il gruppo di progetto può essere gestito in maniera sostenibile (Silvius et al., 2012), gestendone i punti di forza e gestendo obiettivi positivi, emozioni positive e relazioni positive.

Se parte del personale è inesperto, saranno necessari dei processi per sviluppare il gruppo di progetto. Si potrà ricorrere all'intelligenza emotiva oppure a specifica formazione, anche sul campo. Andranno identificate, pianificate e definite alcune regole di comportamento di base, che tengano conto delle differenze culturali, e dovrebbero essere previsti dei riconoscimenti al raggiungimento degli obiettivi di progetto, magari in corrispondenza di particolari scadenze o forniture. Le dinamiche del gruppo di progetto sono influenzate anche da differenze personali e culturali nello stile di lavoro. Sarà necessario fare chiarezza sui ruoli e sulle responsabilità, anche in relazione agli obiettivi di sostenibilità prefissati, e gestire una eventuale scarsità di risorse. Se ciò non bastasse a creare armonia nel gruppo di lavoro, bisognerà ricorrere a strumenti e tecniche per la risoluzione dei conflitti eventualmente emersi.

È da sottolineare che le responsabilità per il raggiungimento degli obiettivi di sostenibilità ambientale, sociale ed economica di un progetto dovranno essere chiaramente, e per iscritto, attribuite a personale specifico. Nei documenti che descrivono il fabbisogno di risorse umane, in armonia con il cronoprogramma delle attività e con i flussi di personale, dovrà essere individuato il tipo di risorsa richiesta e dovrà essere indicato nella descrizione dei ruoli se e quali responsabilità sussistano nell'ambito della sostenibilità. La responsabilità globale del progetto è del project manager, ma specifiche attività potrebbero richiedere particolari competenze e responsabilità. Se la risorsa necessaria non è già a disposizione dell'azienda oppure non può essere formata in azienda, dovrà necessariamente essere acquisita all'esterno e coinvolgerà la gestione degli approvvigionamenti.

Nell'esempio del progetto preliminare di bonifica di un sito contaminato (paragrafo 3.3.1) la formazione del personale sul campo, la chiarezza e la trasparenza, il conferimento di autorità decisionale, implicante un certo grado di autonomia e di responsabilità, tutte tecniche caratteristiche di una gestione sostenibile delle risorse umane, hanno contribuito in maniera sostanziale alla buona riuscita del progetto stesso.

A progetto in corso ed a fine progetto bisognerebbe verificare sempre che gli obiettivi di sostenibilità fissati per le risorse umane in fase di avvio siano rispettati.

5.8 Comunicazioni

La gestione delle comunicazioni riguarda la gestione di posta elettronica, telefonate, riunioni e simili con tutti gli stakeholder del progetto, per informarli sullo stato del progetto stesso e per risolvere eventuali questioni. Tutte le comunicazioni dovrebbero essere aperte ed oneste.

Le informazioni da distribuire possono riguardare lo stato del progetto, le modifiche, le scadenze. Nel piano di gestione delle comunicazioni si dovrà indicare quali informazioni sono richieste, a chi devono essere comunicate, in quale forma, in quale dettaglio e con quale frequenza. Bisognerà creare un cronoprogramma di distribuzione delle informazioni, che dipenderà anche dalla durata del progetto. Ad alcuni soggetti interesserà una generica panoramica sull'andamento del progetto, ad altri sarà necessario indicare invece dei dettagli tecnici e delle misure sugli obiettivi raggiunti. Qualcuno preferirà essere informato di persona, per altri ci vorranno ad esempio dei comunicati a mezzo stampa. Per altri soggetti potrà essere necessaria la tele o video conferenza.

Anche per le comunicazioni di progetto bisognerà attenersi a criteri di sostenibilità ambientale, sociale ed economica, sul breve, medio e lungo termine, su scala locale, regionale e globale.

Scegliendo opportunamente tra le tecnologie disponibili ed in fase di innovazione continua, sarà possibile contenere e ridurre i costi delle comunicazioni ed ottimizzarne i tempi e la qualità.

A titolo di esempio, si riporta la Tabella 5.3.

Tabella 5.3 – Distribuzione delle informazioni

Destinatari	Quali informazioni	In quale forma	In quale dettaglio	Con quale frequenza
Destinatario 1	Obiettivi raggiunti	Di persona	Misurazioni	Settimanale
Destinatario 2	Questioni tecniche	Posta elettronica	Tecnico	Quotidiana
Destinatario 3	Stato del progetto	Riunione	Relazione generale	Mensile
Destinatario n	Obiettivi di sostenibilità	Videoconferenza	Misurazioni	Bisettimanale

A progetto in corso ed a fine progetto bisognerebbe verificare sempre che gli obiettivi di sostenibilità fissati per le comunicazioni in fase di avvio siano rispettati.

5.9 Rischi

La definizione di rischio da PMBOK® (PMI®, 2013) è: *"Evento o condizione incerta che, se si dovesse verificare, avrebbe un effetto positivo o negativo su uno o più obiettivi di progetto"*.

Nella valutazione dei rischi e delle opportunità si dovranno considerare sia i rischi e le opportunità per il progetto, sia i rischi e le opportunità per gli stakeholder in campo ambientale, sociale ed economico, sul breve, medio e lungo termine, su scala locale, regionale e globale (Gareis et al., 2013).

Nella valutazione qualitativa dei rischi e per la composizione della matrice dei rischi bisognerà considerarne impatto e probabilità di accadimento.

Un esempio di criterio di valutazione dell'impatto pesato dei rischi sulla sostenibilità ambientale, sociale ed economica è riportato nella Tabella 5.4. L'impatto può essere misurato come alto (10), medio (6) oppure basso (1) e la somma dei pesi relativi è posta pari a 10. Rischio + indica una opportunità e rischio – indica un evento negativo per il progetto (P) e per gli stakeholder (S).

Tabella 5.4 – Impatto dei rischi di progetto

Rischio	+/-	P/S	Impatto ambientale	Peso impatto ambientale	Impatto sociale	Peso impatto sociale	Impatto economico	Peso impatto economico	Impatto pesato
Rischio 1	-	P	8	4	4	4	5	2	58
Rischio 2	+	P	2	5	5	2	6	3	38
Rischio 3	-	S	8	1	6	1	4	8	46
Rischio 4	-	P	1	2	2	6	2	2	18
Rischio 5	-	S	7	4	3	5	5	1	48
Rischio 6	+	P	9	7	6	1	8	2	85
Rischio 7	+	P	3	4	7	3	6	3	51
Rischio 8	-	S	6	3	2	2	6	5	52
Rischio 9	-	P	4	1	9	4	3	5	55
Rischio 10	-	P	2	5	4	1	1	4	18

La probabilità di accadimento è la probabilità che un rischio si verifichi. Entrambi, probabilità ed impatto, sono riferiti ad eventi specifici e mai al progetto nel suo insieme.

Per ciascuna voce sarà necessario identificare quali sono le azioni di risposta ai rischi ed alle opportunità, quando, come e da chi dovranno essere poste in atto.

L'identificazione dei rischi, l'analisi qualitativa e quantitativa e la gestione dei rischi dipendono dalla cultura, dalle politiche e dalle strategie aziendali, dall'ambiente naturale, politico, tecnologico e sociale, dalla situazione finanziaria ed economica, dalle condizioni relative alla salute umana ed alla sicurezza sociale.

Nell'identificazione dei rischi, oltre agli strumenti ed alle tecniche tradizionali come ad esempio il cosiddetto "brainstorming", è possibile utilizzare le costellazioni sistemiche, potendosi considerare un progetto come un sistema sociale (Gareis et al., 2013). Il brainstorming è una tecnica di analisi di gruppo, in cui la ricerca della soluzione di un dato problema avviene attraverso la libera esposizione di idee e di proposte da parte di tutti i partecipanti ad una riunione (Zingarelli, 1988). L'analisi sistemica studia i sistemi viventi, socioeconomici e materiali in reciproco rapporto tra di loro, considerati come entità fisiche costituite da elementi interdipendenti rappresentati mediante oggetti simbolici (nei casi studiati sono costituiti da pezzi di legno di colori e forme differenti) posti sul tavolo di studio, analizzati ed interpretati nelle loro interrelazioni attraverso dinamiche di gruppo con l'ausilio di un esperto di questa tecnica.

Nell'identificazione dei rischi è richiesta la massima partecipazione degli stakeholder.

I rischi, identificati nel loro ordine di priorità, dovranno essere costantemente tenuti sotto controllo su base quotidiana, settimanale o mensile, in funzione del loro peso sul progetto o sugli stakeholder. Per le attività ritenute critiche, o per le quali si stanno verificando i rischi ad esse associati, il controllo dovrà essere più frequente.

Nei documenti di progetto per ciascun rischio o opportunità principali identificati dovrebbero essere indicati con chiarezza i titolari dei rischi, le risposte convenute ai rischi, le risorse materiali ed umane da impiegare, i segnali di allarme dei rischi, i rischi residuali e secondari e le riserve di emergenza per tempi e costi.

Dovrà anche essere compilato l'elenco di controllo dei rischi a bassa priorità.

Tra i documenti per la gestione dei rischi vi sono anche il piano di sicurezza ed il piano di emergenza.

Il piano di sicurezza riguarda le responsabilità dell'azienda e del project manager nei confronti dei lavoratori e si riferisce alla salvaguardia del benessere, della salute e della sicurezza sul lavoro ed alla sicurezza personale. Potrebbe essere costituito da un piano cosiddetto HSE (Health, Safety and Environment) adottato soprattutto nelle industrie, potrebbe essere un piano di vaccinazioni per interventi umanitari in zone con epidemie in corso oppure potrebbe essere costituito da un piano di evacuazione in una zona colpita da una calamità. Dipende soprattutto dal particolare settore di attività dell'azienda promotrice del progetto ed è di solito un piano generale aziendale e non un piano specifico di progetto.

Il piano di emergenza è un piano specifico del progetto e si riferisce al piano di risposta ai rischi per il progetto o per gli stakeholder, nel caso in cui questi si verifichino o stiano per verificarsi. Tiene in considerazione l'intero piano di gestione del progetto ed in particolare le ripercussioni su costi, tempi, risorse umane ed approvvigionamenti. Indica le azioni previste per accettare i rischi o per mitigarli, riducendone l'impatto o la probabilità oppure entrambi. Individua i segnali di allarme dei rischi (cause iniziali o sintomi), poiché il verificarsi di una causa iniziale, pur non implicando necessariamente che il rischio si verificherà, ne aumenta le probabilità di accadimento. Indica quali azioni dovranno essere intraprese (inclusi come e da chi) al verificarsi di un rischio o della sua causa iniziale.

Nella Tabella 5.5 è riportato un esempio schematico del piano di gestione di un singolo rischio.

Tabella 5.5 – Gestione di un singolo rischio

Gestione del rischio 1	Azione
Descrizione del rischio	Descrivere qualitativamente e quantitativamente il rischio, la sua probabilità di accadimento ed i suoi impatti sul progetto o sugli stakeholder in campo ambientale, sociale ed economico, sul breve, medio e lungo termine, su scala locale, regionale e globale
Causa scatenante del rischio	Indicare qualitativamente e quantitativamente la causa iniziale ed i suoi effetti sull'aumento delle probabilità di accadimento del rischio
Piano di emergenza	Descrivere il piano di risposta allo specifico rischio
Responsabile del rischio	Indicare la risorsa responsabile della gestione del particolare rischio
Resoconto sul rischio gestito	Indicare in quale forma, in quale dettaglio e con quale frequenza il responsabile del rischio fornirà un resoconto su come è stato gestito il rischio (relazione, riunione, telefonata, posta elettronica, frequenza, misurazioni effettuate, dettagli tecnici, dati raccolti)

A progetto in corso ed a fine progetto bisognerebbe verificare sempre che gli obiettivi di sostenibilità fissati per i rischi in fase di avvio siano rispettati.

5.10 Approvvigionamenti

Gli approvvigionamenti dovranno essere pianificati con la redazione di chiare e dettagliate specifiche tecniche, che aiuteranno a selezionare fornitori qualificati ed a stipulare contratti.

I contratti saranno redatti in base a cultura ed usi locali e rispetteranno leggi e regolamenti vigenti applicabili nello specifico settore di riferimento.

Anche per gli approvvigionamenti saranno stati definiti degli obiettivi di sostenibilità in campo ambientale, sociale ed economico, sul breve, medio e lungo termine, su scala locale, regionale e globale.

Se uno degli obiettivi prefissati è quello di promuovere la sostenibilità locale sul lungo termine, bisognerà ad esempio creare opportunità di lavoro sul posto, scegliere fornitori locali ed accedere a risorse locali.

Tra i principi della sostenibilità (Silvius et al., 2012) c'è anche quello di consumare i ricavi e non il capitale, quindi tutte le risorse non dovranno essere consumate più velocemente di quanto possano essere rigenerate.

Negli assunti e nei vincoli del progetto, che indicano i criteri di sostenibilità adottati, ad esempio potrebbero essere stati imposti dei vincoli sulla scelta dei fornitori, degli appaltatori e dei subappaltatori, affinché soddisfino particolari requisiti di sostenibilità, come l'adozione del modello C2C® a ciclo continuo per l'intera catena delle forniture (Braungart e McDonough, 2002). Negli assunti potrebbe essere stata inclusa la condivisione dei valori base di sostenibilità da parte di tutti i soggetti coinvolti come riportati e descritti in GRI (2011), ISO 26000 e UN Global Compact (2011).

Le forniture del progetto dovranno essere descritte in dettaglio nelle loro caratteristiche temporali (scadenze, date e tempi di consegna), di costi, qualitative e quantitative. In particolare ai requisiti tecnici dovranno affiancarsi i requisiti qualitativi di sostenibilità. La descrizione delle forniture dovrà essere sufficientemente chiara e comprensibile, affinché il fornitore possa realizzarle correttamente e nel rispetto degli accordi per le relative consegne. Dovrà in particolare essere indicato cosa è compreso nelle forniture e cosa è escluso dalle stesse.

Gli approvvigionamenti possono riguardare risorse sia materiali, sia umane. I fornitori dovranno essere scelti nel rispetto della dignità delle persone, in maniera sostenibile ed operando un accurato controllo sui costi. Bisognerà indicare quando la risorsa sarà necessaria e per quanto tempo.

In aggiunta ai criteri tradizionali adottati nella scelta dei fornitori, bisognerà aggiungere dei requisiti di sostenibilità, selezionare i fornitori eseguendo un controllo delle referenze e considerando dei pesi, come riportato ad esempio nella Tabella 5.6, riferita ad una singola fornitura X. La valutazione di ciascun fornitore si riferisce all'offerta da questo presentata ed è espressa mediante un punteggio compreso tra 1 (scarso) e 10 (ottimo) e la somma dei pesi relativi è posta pari a 100.

Al termine di ciascuna fornitura sarà necessario chiudere formalmente i contratti stipulati con i fornitori, verificando che il lavoro ed i prodotti, servizi o risultati consegnati corrispondano alle specifiche tecniche ed ai requisiti di qualità richiesti e che siano accettabili. Il rispetto dei requisiti contrattuali è soggetto a controlli da parte di molti stakeholder.

A progetto in corso ed a fine progetto bisognerebbe verificare sempre che gli obiettivi di sostenibilità fissati per gli approvvigionamenti in fase di avvio siano rispettati.

Tabella 5.6 – Selezione dei fornitori

Fornitura X	Valutazione fornitore 1	Valutazione fornitore 2	Valutazione fornitore 3	Valutazione fornitore 4
Costo della fornitura (peso 15)	8	6	7	8
Reputazione del fornitore (peso 20)	7	8	6	7
Esperienza in forniture simili (peso 10)	6	6	7	4
Conoscenza della realtà locale (peso 5)	7	6	7	6
Rispetto dei tempi (peso 20)	7	7	7	6
Sostenibilità ambientale (peso 10)	6	8	9	7
Sostenibilità sociale (peso 12)	6	7	8	6
Sostenibilità economica (peso 8)	6	6	7	7
Valutazione complessiva	675	692	712	648

5.11 Stakeholder

Sostenibilità è partecipazione.

Dovranno essere identificati e descritti gli stakeholder del progetto, le loro esigenze e le loro richieste. Gli stakeholder possono variare al progredire del progetto nel tempo. Stakeholder sono anche le generazioni future. Esigenze e richieste degli stakeholder dovranno essere valutate in campo ambientale, sociale ed economico, sul breve, medio e lungo termine, su scala locale, regionale e globale.

L'introduzione della gestione degli stakeholder, come area di conoscenza a sé stante, nella quinta edizione del PMBOK® (*Project Management Body of Knowledge*) del Project Management Institute (PMI®, 2013) e nel nuovo standard ISO 21500 (*Guidance on project management*) del 2013 costituisce un ulteriore passo avanti nella introduzione del concetto di sostenibilità a livello internazionale nella gestione dei progetti.

L'inclusione della nuova area di conoscenza si allinea con un insieme crescente di ricerche, che dimostrano come il coinvolgimento degli stakeholder sia uno dei principali fattori della buona riuscita complessiva di un progetto. Ulteriori dettagli su alcune di queste ricerche svolte presso l'università di Vienna (Austria) sono reperibili nella bibliografia riportata a fine testo.

Gli stakeholder possono essere i finanziatori del progetto, i committenti del progetto, i dirigenti aziendali, i dipartimenti aziendali, i componenti del gruppo di progetto, i consumatori, i clienti, i fornitori, i consulenti, i soci in affari, le istituzioni e qualunque altro soggetto interessato. Essi possono influire sul progetto, possono esserne toccati, o possono considerarsi colpiti da decisioni, attività, risultati o conseguenze del progetto stesso.

Per l'identificazione degli stakeholder di progetto e delle loro relazioni reciproche e dinamiche, oltre agli strumenti ed alle tecniche tradizionali come ad esempio il cosiddetto "brainstorming", è possibile utilizzare le costellazioni sistemiche, potendosi considerare un progetto come un sistema sociale (Gareis et al., 2013). Vedere anche il paragrafo 5.9.

Un tempo lo scopo della gestione degli stakeholder nei progetti era unicamente quello di gestirne le aspettative, distribuendo loro le relative, necessarie e richieste informazioni. La loro gestione ricadeva nell'area di conoscenza delle comunicazioni di progetto. Adesso si tratta invece di coinvolgerli attivamente e con efficacia, sin dall'inizio, nel prendere decisioni su pianificazione, esecuzione e controllo del progetto stesso.

È necessario considerare la partecipazione attiva degli stakeholder nell'elaborazione dei progetti. Basta pensare alle richieste dei consumatori in campo ambientale, che influenzano poi la realizzazione dei prodotti (come avviene ad esempio per il mercato delle auto ibride). Questo attivismo può mostrarsi sia a favore, sia contro un progetto, richiedendo in ogni caso di essere gestito. La gestione diviene fondamentale nella realtà odierna, in cui i dati, le informazioni, le comunicazioni e le azioni si intrecciano e si svolgono con una rapidità mai sperimentata prima.

La sostenibilità è quindi anche il passaggio dalla gestione *degli* stakeholder alla gestione *per* gli stakeholder. E questo traguardo può essere raggiunto più correttamente e più facilmente se si hanno a disposizione adeguati processi e procedure codificati per la gestione dei progetti.

Considerando la definizione di sviluppo sostenibile del Rapporto Brundtland, si potrebbero introdurre nel registro degli stakeholder anche le generazioni future. Sono un soggetto terzo con alti interessi e legittimità ad essere rappresentate, ma bassi potere, influenza ed impatto nel momento attuale. Le generazioni future non possono essere coinvolte direttamente nelle decisioni e nell'esecuzione del progetto, ma le loro esigenze possono essere prese in considerazione. Dovrebbe essere misurato anche il grado di soddisfazione delle generazioni future nei riguardi del progetto, così come si procede a fare di norma per ogni altro obiettivo fondamentale del progetto stesso. Questa inclusione potrebbe aggiungere valore commerciale ai progetti, con benefici tangibili ed intangibili sul medio e sul lungo termine. Bisognerebbe provare a porsi le seguenti domande. Il progetto o la sua gestione oppure i suoi risultati, prodotti e servizi distruggono o danneggiano qualcosa di valore, che non può essere ricostruito? Il project manager sarà soddisfatto di questo suo progetto o della sua gestione oppure dei suoi risultati, prodotti e servizi anche in futuro, guardando indietro al lavoro svolto? Il progetto o la sua gestione oppure i suoi risultati, prodotti e servizi forniscono condizioni di benessere duraturo alla società?

La gestione degli stakeholder di progetto riguarda anche la gestione del gruppo di progetto. E gestire un gruppo di lavoro in modo sostenibile significa creare un ambiente di lavoro confortevole, che ispiri obiettivi, emozioni e relazioni positivi.

Il project manager dovrebbe redigere un appropriato piano di gestione sostenibile degli stakeholder. I progetti ben pianificati dovrebbero prevedere ed includere delle trattative con tutti gli stakeholder ragionevoli, desiderosi di condividere le loro migliori conoscenze sugli argomenti di interesse comune a vantaggio del progetto stesso.

A progetto in corso ed a fine progetto bisognerebbe verificare sempre che gli obiettivi di sostenibilità fissati per gli stakeholder in fase di avvio siano rispettati.

5.12 Verifica dei risultati del progetto

I benefici del progetto dovrebbero anch'essi essere individuati e valutati in termini di sostenibilità globale. Dovrebbero essere verificati non solo i risultati economici, ma anche quelli ambientali e sociali sul breve, medio e lungo termine, su scala locale, regionale e globale.

Nel project charter o piano di progetto dovrebbero essere stati preliminarmente indicati i criteri di valutazione della buona riuscita del progetto, cioè i parametri misurabili nel tempo che individueranno se gli obiettivi sono stati raggiunti in maniera soddisfacente.

I risultati del progetto potranno essere verificati al suo progredire nel tempo in funzione delle scadenze o delle forniture previste, controllando per ciascuna fornitura o scadenza se sono stati rispettati i tempi di consegna indicati nel cronoprogramma, i parametri di qualità prescelti, i costi stimati, i parametri di sostenibilità individuati. Dovranno essere misurati gli scostamenti, sia in positivo, sia in negativo, rispetto a quanto pianificato, dovranno essere fornite le motivazioni di tali scostamenti e dovranno essere descritte le eventuali misure messe in atto per il rispetto di quanto pianificato.

Con riferimento ad una singola fornitura o scadenza X è possibile effettuare ad esempio le verifiche riportate nella Tabella 5.7, dove S indica il raggiungimento degli obiettivi prefissati, N indica il non raggiungimento degli obiettivi prefissati, uno scostamento + indica uno scostamento positivo per il progetto (un miglioramento, un valore aggiunto) ed uno scostamento - indica uno scostamento negativo per il progetto (un deterioramento, un ritardo, una perdita economica).

Gli scostamenti, sia positivi, sia negativi, saranno considerati accettabili se compresi nell'intervallo di valori indicato in precedenza per ciascuna voce dai criteri prefissati nel project charter, o piano di progetto, e nel piano di gestione per la valutazione della buona riuscita del progetto stesso.

Nella precedente Tabella 5.2 si evidenziava come gli obiettivi generali del progetto possano essere riferiti alle diverse aree di conoscenza.

Tabella 5.7 **– Obiettivi raggiunti per scadenze o forniture**

Fornitura/Scadenza X	S/N	Scostamento +/-	Motivo	Azioni intraprese
Rispetto dei tempi				
Rispetto della qualità				
Rispetto dei costi				
Rispetto dei requisiti ambientali				
Rispetto dei requisiti sociali				
Rispetto dei requisiti economici				

Confrontando i risultati del progetto con i parametri precedentemente fissati nella Tabella 5.2, sarà possibile elaborare ad esempio la Tabella 5.8, riferita agli obiettivi raggiunti per aree di conoscenza, dove rischio + indica una opportunità e rischio − indica un evento negativo per il progetto stesso, S indica il raggiungimento degli obiettivi prefissati, N indica il non raggiungimento degli obiettivi prefissati, uno scostamento + indica uno scostamento positivo per il progetto (un miglioramento, un valore aggiunto) ed uno scostamento - indica uno scostamento negativo per il progetto (un deterioramento, un ritardo, una perdita economica).

Ciascun obiettivo ha anche una sua collocazione temporale e geografica. Anche qui gli scostamenti, sia positivi, sia negativi, saranno considerati accettabili se compresi nell'intervallo di valori indicato in precedenza per ciascuna voce dai criteri prefissati nel project charter, o piano di progetto, e nel piano di gestione per la valutazione della buona riuscita del progetto stesso.

Manuale per progetti sostenibili – Sostenibilità globale e project management

Tabella 5.8 – Obiettivi raggiunti per aree di conoscenza

Area di conoscenza	Obiettivi economici raggiunti (S/N)	Scostamento dall'obiettivo (+/-)	Obiettivi ambientali raggiunti (S/N)	Scostamento dall'obiettivo (+/-)	Obiettivi sociali raggiunti (S/N)	Scostamento dall'obiettivo (+/-)
Ambito						
Tempi						
Costi						
Qualità						
Risorse umane						
Comunicazioni						
Rischi +/-						
Approvvigionamenti						
Stakeholder						

Le Tabelle 5.7 e 5.8 potranno essere utilizzate in fase di monitoraggio e di controllo del progetto oppure per fornire informazioni periodiche agli stakeholder sugli stati di avanzamento. Potrebbero anche essere utili in fase di chiusura del progetto, per riepilogarne l'intero andamento e per dedurre che cosa si è imparato dal progetto stesso.

Il progetto completato dovrebbe lasciare la sensazione positiva di un'opera ben compiuta.

6. Conclusioni

6.1 Conclusioni

Il modo migliore per gestire un progetto in maniera sostenibile è:

- seguire uno standard;
- includere obiettivi di sostenibilità dall'avvio.

Per la buona riuscita del progetto è necessario che gli obiettivi di sostenibilità siano già inclusi nei documenti, che danno inizio al progetto stesso. Questo significa che gli obiettivi di sostenibilità sono già stati considerati nell'analisi dell'investimento e che il project manager ed il suo gruppo di progetto sono stati scelti in base alle loro specifiche competenze nel settore e ne conoscono e ne condividono i valori di base, condivisi peraltro dall'azienda stessa ed inclusi nelle strategie aziendali.

I progetti per loro natura sono temporanei ed hanno un inizio ed una fine ben definiti, i loro prodotti, servizi o risultati invece durano nel tempo.

Per i progetti sostenibili l'analisi dell'investimento non è svolta più solo secondo gli schemi classici:

- valutazione economica dell'investimento (l'investimento si ripaga principalmente con il flusso di cassa del progetto);
- valutazione costi-benefici (studio dell'investimento condotto in modo ed in dettaglio tali da soddisfare le esigenze dei finanziatori);

ma comprende anche:

- valutazione costi-benefici sociali (considera gli impatti dell'investimento sul lungo termine e su tutti i soggetti interessati);
- analisi dell'impatto ambientale (considera gli impatti ambientali);
- analisi del contesto dell'investimento (considera le relazioni con altri investimenti correlati).

Gli obiettivi del progetto dovrebbero includere obiettivi di sostenibilità, ambientale, sociale ed economica, sul breve, medio e lungo termine, su scala locale, regionale e globale, e dovrebbero essere specifici, misurabili, condivisi, realistici e temporalmente collocati.

Tra i principi della sostenibilità c'è anche quello di consumare i ricavi e non il capitale. Si dovrebbero cioè consumare tutte le risorse del progetto, anche quelle umane, secondo modalità e tempi che gli consentano di rigenerarsi.

Il project manager potrebbe avere poca influenza sull'organizzazione aziendale, sulla scelta delle materie prime e dell'energia e quindi sul ciclo di produzione vero e proprio, così come sulle attrezzature disponibili, sulle risorse economiche e sulla scelta dei fornitori.

Il project manager influisce invece direttamente e quotidianamente sull'organizzazione del lavoro e sulla gestione delle risorse, in particolare su quelle umane, ed è proprio in questi settori che il presente manuale può trovare ampia applicazione.

La gestione sostenibile di un progetto implica una organizzazione etica ed illuminata del lavoro, che tuteli le risorse umane e che si esplichi attraverso azioni personali quotidiane. Il project manager sostenibile sa prendersi cura di tutte le proprie risorse, ambientali, sociali ed economiche, e sa preservarne l'efficienza nel tempo.

Il gruppo di progetto può essere gestito in maniera sostenibile, valorizzandone i punti di forza e gestendo obiettivi positivi, emozioni positive e relazioni positive.

Nella valutazione dei rischi e delle opportunità si dovrebbero considerare sia i rischi e le opportunità per il progetto, sia i rischi e le opportunità per gli stakeholder in campo ambientale, sociale ed economico, sul breve, medio e lungo termine, su scala locale, regionale e globale, basandosi su valori condivisi.

Nei progetti che creano prodotti, risultati o servizi sostenibili la sostenibilità può essere intesa come un requisito di qualità e dovrebbe essere inclusa nelle specifiche tecniche del prodotto, servizio o risultato fornito.

La selezione dei fornitori dovrebbe ispirarsi al rispetto degli obiettivi di sostenibilità del progetto. Anche fornitori, appaltatori e subappaltatori dovrebbero condividere i valori di base della sostenibilità.

Particolari attenzioni e cautele dovrebbero essere prestate alla gestione degli stakeholder di progetto. Dalla gestione *degli* stakeholder si passa alla gestione *per* gli stakeholder. Tutti i soggetti interessati direttamente o indirettamente al e dal progetto sono coinvolti attivamente e con efficacia, sin dall'inizio, nel prendere decisioni su pianificazione, esecuzione e controllo del progetto stesso. Al fine di evitare manipolazioni o situazioni spiacevoli, ad esempio con stakeholder disonesti, è necessaria la massima cautela in questo nuovo approccio, che presuppone sempre la condivisione dei valori di base dello sviluppo sostenibile da parte di tutti.

Al progredire del progetto nel tempo, alle scadenze intermedie ed al suo completamento andrà verificato il raggiungimento degli obiettivi di sostenibilità prefissati e si tireranno le somme su tutto quanto si è appreso da quel particolare progetto.

Per particolari competenze ambientali, sociali od economiche potrebbe essere necessaria la collaborazione di esperti del settore.

Solo alcuni progetti sono sostenibili per natura, ma tutti i progetti possono essere gestiti in maniera sostenibile.

Glossario

Glossario di termini usati nella sostenibilità

Glossario sintetico di termini utilizzati nella sostenibilità ambientale, sociale ed economica.

Aerobi
Organismi che utilizzano O_2 come ossidante.

Aerosol
Dispersioni di fasi liquide o solide in un gas. Possono presentarsi sotto forma di:
- polveri (particelle solide da frantumazione);
- esalazioni (particelle solide da condensazione di vapori);
- fumo (particelle solide e liquide da combustione);
- nebbia (particelle liquide da condensazione);
- smog, cioè misto di nebbia e fumo (particelle liquide da condensazione più particelle solide e liquide da combustione).

Alghe
Organismi unicellulari o pluricellulari, senza differenziazione in tessuti, fotosintetici, generalmente autotrofi. Producono sostanza organica a partire da CO_2 e H_2O. L'ossigeno gassoso O_2 è il prodotto di rifiuto del loro metabolismo.

Ambiente
Che sta attorno, che circonda. Complesso delle condizioni esterne. Spazio (luogo, tempo) in cui viviamo.

Anaerobi
Organismi che utilizzano ossidanti diversi da O_2.

Autotrofi
Organismi che utilizzano CO_2 come fonte di carbonio. Produttori che sintetizzano elementi semplici in sostanze complesse. Autotrofi sono ad esempio le piante.

Batteri
Microrganismi unicellulari delle dimensioni di micron, con peso dell'ordine di 10^{-6} µg. Possono avere forma sferica (cocchi), cilindrica (bacilli), a elica (spirilli o vibrioni). Si alimentano attraverso la membrana cellulare semipermeabile (osmosi/enzimi). Si riproducono per scissione binaria raggiungendo 250 replicazioni in 24 ore. I batteri possono essere:
- saprofiti (si nutrono di sostanza organica inerte, non vivente);
- autotrofi (utilizzano CO_2 come fonte di carbonio);
- eterotrofi (utilizzano sostanze organiche come fonte di carbonio);
- aerobi (utilizzano O_2 come ossidante);
- anaerobi (utilizzano ossidanti diversi da O_2).

Bene economico
Il bene economico è un prodotto o un servizio, che abbia caratteristiche di utilità, fruibilità e limitata disponibilità. Può essere durevole o non durevole, presente o futuro.

Bioaccumulazione o bioconcentrazione
Fenomeno per il quale alcuni inquinanti, quali DDT, PCB, Hg, cloruro di vinile, E. Coli si accumulano negli organismi viventi.

Accumulatori biologici di inquinanti nelle *acque*: mitili bivalvi, triglie di fondo, crostacei, gamberetti, tonni.

Accumulatori biologici di inquinanti nel *suolo*: lombrichi, piante.

Assorbimento radicale: le piante assorbono elementi in forma ionica dalla soluzione del terreno attraverso l'apparato radicale.

Assorbimento fogliare: le foglie possono assorbire cationi, anioni e molecole di piccole dimensioni a contatto con soluzioni saline (aerosol, acque di precipitazione contenenti elementi dilavati dall'atmosfera).

Biocenosi
Comunità, costituita da vegetali ed animali, che vive in un determinato biotopo.

Biocentrismo
Opposto all'antropocentrismo. I bisogni ed i diritti degli esseri umani non sono più importanti di quelli degli altri esseri viventi quali piante ed animali.

Biotopo
Ambiente chimico-fisico uniforme.

Bonifica
Ripristino di una condizione alterata delle componenti ambientali nel rispetto della salvaguardia della salute umana.

Catena alimentare o catena trofica

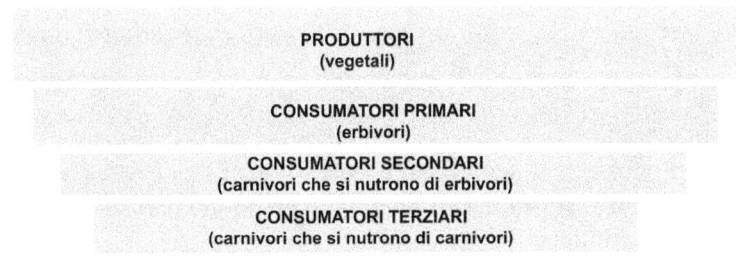

Cicli biogeochimici
Cicli nutritivi dal mondo abiotico al mondo biotico e viceversa.
Esempi:
- ciclo dell'acqua;
- ciclo del carbonio;
- ciclo dell'azoto;
- ciclo del fosforo;
- ciclo dello zolfo;
- ciclo dell'ossigeno.

Il ciclo dell'acqua è importante per i suoi possibili legami con l'inquinamento delle acque.

Il ciclo del carbonio è importante per i suoi possibili legami con l'effetto serra.

Il ciclo dell'azoto è importante per i suoi possibili legami con l'eutrofizzazione e con l'inquinamento delle falde.

Il ciclo del fosforo è importante per i suoi possibili legami con l'eutrofizzazione e con l'inquinamento dei sedimenti marini.

Combustione
Può avere origine antropica: traffico veicolare, impianti di riscaldamento, centrali termiche, industrie, processi di combustione incompleti, gas di scarico delle automobili, trattamento dei rifiuti, inceneritori di rifiuti.

Può avere origine naturale: processi biologici, fulmini, incendi, reazioni fotochimiche, respirazione, isoprene (idrocarburo molto reattivo generato dalle piante, che provoca delle caratteristiche nebbioline).

Effetti principali:
- produzione di inquinanti primari e secondari tossici;
- produzione di radicali liberi, che prendono parte a reazioni fotochimiche indotte dalla luce solare;
- CO tossico (formazione di carbossiemoglobina a spese dell'emoglobina nel sangue);
- CO_2 non è tossico ma contribuisce alla creazione dell'effetto serra insieme ad altri gas (GES, gas effetto serra).

Compostaggio
Produzione di terriccio per naturale biodegradazione di sostanza organica, sia animale, sia vegetale. I residui sono trasformati in acqua, anidride carbonica, sali minerali ed humus ad opera di microrganismi decompositori aerobi.

Convenzione delle Nazioni Unite contro la corruzione
La Convenzione delle Nazioni Unite contro la corruzione è stata adottata nel 2003 ed è entrata in vigore nel 2005.

È a favore di: democrazia, diritti umani, protezione dell'ambiente, qualità della vita, sviluppo economico, onestà, trasparenza, responsabilità, cooperazione internazionale, sviluppo sostenibile.

È contro: corruzione, distorsioni dei mercati, minacce alla sicurezza, povertà, riciclaggio di denaro sporco.

Corruzione
La corruzione implica: tangenti, frodi, estorsioni, collusione, conflitti di interesse, riciclaggio di denaro sporco, appropriazione indebita, malversazione, pressione sul commercio, abuso di potere, arricchimento illecito, occultamento di denaro, ostacolo alla giustizia.

Vedere anche: Convenzione delle Nazioni Unite contro la corruzione.

Cradle to Cradle® design C2C®
Progettazione "Dalla culla alla culla".

Metodologia ideata da Michael Braungart e William McDonough per progettare nuovi processi, prodotti e servizi, eliminando il concetto di rifiuto, utilizzando l'energia da fonti rinnovabili, principalmente dal sole, e celebrando la diversità culturale e biologica. Mira a ripristinare i cicli continui di nutrienti, sia biologici, sia tecnologici, con effetti positivi a lungo termine su profitti aziendali, ambiente e salute umana.

Dichiarazione dei principi e dei diritti fondamentali sul lavoro

La Dichiarazione dei principi e diritti fondamentali sul lavoro è stata adottata dalla ILO (International Labour Organization, Organizzazione Internazionale del Lavoro) nel 1998. L'Organizzazione Internazionale del Lavoro, ILO, è un'agenzia delle Nazioni Unite.

È a favore di: libertà di associazione, contrattazioni collettive, eguaglianza sul lavoro.

È contro: lavoro minorile, lavoro forzato, tutti i tipi di discriminazioni sul lavoro.

Dichiarazione universale dei diritti umani

La Dichiarazione universale dei diritti umani è stata adottata dall'Assemblea Generale delle Nazioni Unite nel 1948.

È a favore di: libertà, giustizia, pace, dignità, libertà di parola e di credo, libertà di opinione e di espressione, progresso sociale, libertà di pensiero, coscienza e religione, diritti economici, sociali e culturali, lavoro, riposo, istruzione, salute, cibo, arte, progresso scientifico.

È contro: tirannia ed oppressione, tutti i tipi di discriminazioni, schiavitù, persecuzione.

Disastro

Terremoto, maremoto, epidemia, eruzione vulcanica, alluvione, bradisismo, frana, esondazione.

Ecologia

Dal greco *oikos* = casa, luogo di abitazione. Studio delle interazioni reciproche tra l'ambiente fisico e gli organismi viventi. Branca della biologia che studia i rapporti tra gli organismi ed il loro ambiente.

Economia

Uso efficiente e razionale delle risorse nella produzione di beni e di servizi.

(... *l'analisi economica di un investimento differisce dall'analisi finanziaria per essere la prima riferita all'intera collettività e la seconda all'operatore privato che lo intraprende* ...) (Forte, 1977).

Ecosistema
Insieme delle interazioni tra comunità biotiche, organismi viventi, ed ambiente chimico-fisico circostante. L'uomo è una componente biotica del nostro ecosistema.

Effetto serra
L'anidride carbonica è normalmente presente in atmosfera in quantità relativamente basse (< 1%). Un eccesso di CO_2 assorbe i raggi infrarossi (ad elevata lunghezza d'onda e bassa frequenza) provenienti dalla superficie terrestre, creando una barriera alle radiazioni termiche ed un conseguente aumento della temperatura. L'anidride carbonica è prodotta con le combustioni e rimossa con la fotosintesi clorofilliana.

Altri gas responsabili dell'effetto serra, ritenuti anche tra i principali responsabili dei cambiamenti climatici, sono: metano CH_4, monossido di biazoto o protossido di azoto N_2O, idrofluorocarburi HFC, perfluorocarburi PFC, esafluoruro di zolfo SF_6.

Energia da fonti non rinnovabili
Energia derivata da processi naturali che si sviluppano nel corso di ere geologiche. Energia da fonti non rinnovabili: carbone, gas naturale, petrolio e derivati, nucleare.

Energia da fonti rinnovabili
Energia derivata da processi naturali a ciclo continuo. Energia da fonti rinnovabili: sole, vento, maree, idroelettrico, biomassa, risorse geotermiche, biocarburanti (non alimentari), idrogeno, etanolo.

Eterotrofi
Organismi che utilizzano sostanze organiche come fonte di carbonio. Consumatori che non sono capaci di sintetizzare elementi

semplici in sostanze complesse. Eterotrofi sono ad esempio gli animali.

Eutrofizzazione
Ipossia in un corpo d'acqua stagnante per l'eccessiva presenza di nutrienti (fosforo e azoto), che porta ad una crescita abnorme ed alla successiva morte di fitomassa. Si innescano così dei processi di decomposizione sul fondo, con conseguente diminuzione dell'ossigeno disciolto e morte dei pesci e di altri organismi acquatici.

Comporta uno sviluppo abnorme delle alghe ed una colorazione (verde, bruna, blu) delle acque.

Aumenta inoltre la quantità di alghe morte, che si depositano sui fondali in grossi spessori, dando origine a trasformazioni anaerobiche (putrefazione) e alla formazione di NH_3, CH_4, H_2S, solfuri, acidi volatili, mercaptani. Provoca una riduzione dell'ossigeno disciolto e genera cattivi odori. La riduzione del contenuto di O_2 compromette la sopravvivenza di molte specie acquatiche (morie di pesci).

È causata dall'immissione nelle acque di composti dell'azoto e del fosforo. Anche i detersivi (o tensioattivi) possono contenere fosfati. Questi composti sono in realtà dei fertilizzanti e quindi sono dei nutrienti per le alghe.

Questo fenomeno interessa soprattutto i laghi, ma anche i mari con scarso ricambio idrico. È favorito dai bassi fondali, dallo scarso ricambio idrico, dalle elevate temperature, dagli scarichi urbani e dagli afflussi agricoli e zootecnici.

Fattori ecologici
- Orografici: altitudine, pendenza, orientamento;
- climatici: temperatura, luce, precipitazioni, umidità, vento;
- meccanici: erosione idrica ed eolica, cicli gelo-disgelo;
- edafici: proprietà chimico fisiche del suolo (contenuto d'acqua, nutrienti, pH, ecc.);
- biotici: rapporti tra gli organismi viventi;
- antropici: attività dell'uomo.

Finanza
Gestione del denaro.
(... *l'analisi economica di un investimento differisce dall'analisi finanziaria per essere la prima riferita all'intera collettività e la seconda all'operatore privato che lo intraprende* ...) (Forte, 1977).

Funghi e muffe
Proliferano in ambiente umido, hanno un metabolismo generalmente eterotrofo, aerobico, saprofita. Hanno dimensioni dell'ordine dei micron, sono dotati di pigmenti colorati. Possono formare lunghe strutture filamentose nucleate denominate ife. Sono fondamentali nel compostaggio per la trasformazione di residui organici biodegradabili.

Indice biotico esteso
I.B.E. Misura della biodiversità e dello stato di salute dei fiumi. È di ausilio nella produzione di cartografia tematica a colori dei diversi tronchi fluviali.

Indici biologici di inquinamento
Presenza dell'agente nocivo e/o dei suoi metaboliti, ma anche presenza anomala di organismi viventi, come segnale indiretto di un inquinamento in atto. Anche al contrario, cioè presenza di particolari organismi viventi, che segnalano indirettamente l'assenza di inquinamento.
Presenza di microrganismi patogeni, ma anche di gabbiani o di topi (per presenza di rifiuti).

Indici di inquinamento delle acque
- Indicatori microbiologici: coliformi, streptococchi, ecc.
- indicatori biologici: alghe, elminti, funghi, protozoi, trote (presenza positiva), ecc.
- indicatori chimici: ossigeno disciolto, ossidabilità (COD), carbonio organico totale (TOC), idrogeno solforato, ammoniaca, fosfati, cloruri, Hg, Cd, Se, Zn, Sn, N, P, nitrati, anticrittogamici, antiparassitari, ecc.

– indicatori fisici: colore, torbidità, odore (H_2S), sapore, temperatura.

Microviventi: alghe, batteri banali, batteri saprofiti fecali, microrganismi patogeni intestinali (batteri di tifo, paratifo, dissenteria, colera, salmonelle, virus dell'epatite, della poliomielite, enterovirus), uova di vermi intestinali (tenie, ascaridi).

L'inquinamento delle acque può essere di tipo: cloacale, agricolo, zootecnico, industriale, industriale nucleare. Può essere anche causato da: trasporto marittimo, fluviale, lacustre, estrazione petrolifera in mare.

Inquinamento
Alterazione della qualità e delle caratteristiche della risorsa naturale, anche in funzione della sua destinazione d'uso nel tempo.

Inquinamento atmosferico
Può essere causato da: piogge acide, eruzioni vulcaniche, traffico veicolare, impianti di riscaldamento, stabilimenti industriali, centrali termiche, aria condizionata, manipolazione di materiale polverulento, vernici.

Gli inquinanti atmosferici possono presentarsi sotto forma di gas (sostanze presenti allo stato gassoso), vapori (soluzioni di liquidi in aria), oppure aerosol (dispersioni di fasi liquide o solide in un gas).

L'aria non inquinata ha una composizione media del tipo:

78,1%	Azoto (N_2)
20,9%	Ossigeno (O_2)
1,0%	Altre sostanze (Ar, CO_2, Ne, He, CH_4, H_2, CO, Xe, O_3, NO_2, NH_3, SO_2)

Inquinamento del suolo
Inquinamento da metalli pesanti: Cd, Co, Cr, Cu, Hg, Mn, Ni, Pb, Sn, Zn, Mo.

Inquinamento da sostanze organiche: idrocarburi, fitofarmaci (fungicidi, insetticidi, erbicidi), PCB (bifenili policlorurati) (idrocarburi aromatici clorurati).

Può influenzare l'assorbimento radicale o fogliare. Può riguardare anche la pedogenesi, l'erosione idrica o eolica, la desertificazione.

Inquinamento fotochimico
Caratterizzato da reazioni fotochimiche indotte dalla luce solare. Colpisce soprattutto gli occhi e le vie respiratorie. Produce reazioni fotochimiche a catena, coinvolgendo idrocarburi incombusti, gas propellenti o usati nei cicli di refrigerazione. I composti instabili, i radicali liberi, l'isoprene e gli alogeni sono molto reattivi specialmente in presenza di ozono, il quale a livello di atmosfera urbana è un inquinante. A livello stratosferico invece filtra le radiazioni ultraviolette di più alta energia (alta frequenza e bassa lunghezza d'onda).

Inversione termica
Di norma il gradiente termico verticale comporta una diminuzione della temperatura di circa 1°C ogni 100 metri di quota.
Nel caso di inversione termica, il gradiente termico verticale risulta positivo invece che negativo e provoca un accumulo di inquinanti in atmosfera, impedendone la dispersione.
Può essere causato da: irraggiamento del suolo (alternanza giorno/notte), subsidenza atmosferica (condizioni meteorologiche).

Magnificazione biologica
Fenomeno per il quale alcune sostanze tossiche, come DDT, PCB, Hg, si concentrano sempre più negli organismi viventi durante i successivi passaggi nella catena alimentare.

Materie prime non rinnovabili
Materie prime o beni che sono soggetti ad esaurimento: minerali, carbone, petrolio e derivati, gas naturale, metalli. Le scorte di queste risorse si rinnovano in ere geologiche.

Materie prime rinnovabili
Materie prime o beni che non sono soggetti ad esaurimento: vento, sole, maree, aria, acqua, suolo, biomassa non alimentare. A

causa dell'inquinamento, aria, acqua e suolo possono esaurirsi per caratteristiche qualitative. Le scorte di queste risorse si rinnovano in breve tempo attraverso cicli biogeochimici.

Microalghe unicellulari
Alghe delle dimensioni di circa 10 micron, dotate di pigmenti colorati.

Nicchia ecologica
Unità ambientale costituita da specie viventi e dal loro ambiente chimico-fisico.

Ossigeno disciolto
Quantità di ossigeno disciolto in acqua. Diminuisce all'aumentare della temperatura. Diminuisce all'aumentare della concentrazione di sali. Aumenta all'aumentare della pressione. Circa 10 mg/l a pressione atmosferica e a 20°C in acqua dolce. Circa 8 mg/l a pressione atmosferica e a 20°C in acqua di mare.

Ozono
O_3
Gas che filtra le radiazioni di bassa lunghezza d'onda, cioè di alta frequenza. Costituisce una barriera alle radiazioni ultraviolette ad alta energia presenti nella stratosfera, che creano danni al patrimonio genetico degli organismi viventi. Principali responsabili della riduzione dello strato di ozono in atmosfera sono: clorofluorocarburi CFC, idroclorofluorocarburi HCFC ed alogeni. L'ozono a livello di atmosfera urbana è un inquinante, poiché contribuisce all'inquinamento fotochimico, a livello stratosferico invece filtra le radiazioni ultraviolette di più alta energia.

Piano di sostenibilità
Piano operativo a lungo termine che, a progetto completato, consentirà agli utilizzatori del prodotto, servizio o risultato fornito di gestirlo in maniera sostenibile negli aspetti economici, sociali ed ambientali.

Piogge acide
Possono avere origine antropica: combustione di carbone, SO_2 (anidride solforosa), industrie chimiche, impianti di depurazione di acque reflue, ossidazione biologica, H_2S (acido solfidrico o idrogeno solforato).
Possono avere origine naturale: attività vulcaniche, processi biologici.
Effetti principali:
- danni alla vegetazione;
- danni alla vita acquatica;
- corrosione dei materiali ferrosi;
- deterioramento dei materiali lapidei.

Produzione
Trasformazione di beni naturali o materiali in beni economici di maggiore utilità.

Progetto
Piano di lavoro, ordinato e particolareggiato per eseguire qualcosa (project).
Insieme di calcoli, disegni, elaborati necessari a definire inequivocabilmente l'idea in base alla quale realizzare una qualsiasi costruzione (prodotto, creazione) (design).
Iniziativa temporanea intrapresa per creare un prodotto, un servizio o un risultato con caratteristiche di unicità (PMI®, 2013).

Ricostruzione post disastro
Fase che segue quelle di risposta al disastro e di soccorso. Si verifica in genere approssimativamente dai 4 ai 6 mesi successivi al disastro effettivo.

Salute
"Salute non è solo assenza di malattie, ma uno stato di benessere fisico, psichico e sociale". Definizione dell'Organizzazione Mondiale della Sanità.

Saprofiti
Organismi che si nutrono di sostanza organica inerte, non vivente.

Solidi disciolti
Tutte le sostanze solide disciolte in acqua, costituenti parte dei solidi filtrabili, non trattenuti dal filtro o dalla centrifuga (anche frazione colloidale). (mg/l)
La conducibilità elettrica ne misura la frazione costituita da sali minerali. (μohm/cm^2)

Solidi sospesi
Tutte le sostanze solide visibili, causa della torbidità dell'acqua, che si depositano sul filtro o sulla centrifuga e vengono pesate, dopo che tutta l'acqua è stata fatta evaporare con un essiccamento a 105°C. (mg/l, p.p.m., g/m^3)

Solidi sospesi sedimentabili
Tutte le sostanze solide sospese in acqua che in 2 ore si raccolgono sul fondo di un contenitore (cono Imhoff). (ml/l)

Solidi sospesi non sedimentabili (colloidali)
Tutte le sostanze solide sospese in acqua che in 2 ore non si raccolgono sul fondo di un contenitore (cono Imhoff). (mg/l, p.p.m., g/m^3)

Solidi totali
Tutte le sostanze solide che rimangono e vengono pesate, dopo che tutta l'acqua è stata fatta evaporare con un essiccamento a 105°C. (mg/l, p.p.m., g/m^3)
(1 ml = 1 cm^3; 1 kg = 1 l)

Sostanza organica
La sostanza organica è costituita principalmente da composti carbonacei (grassi, zuccheri) e azotati (proteine, aminoacidi): C, H, O, N, P, S.

Sostenere
Aiutare, proteggere (approccio passivo). Nutrire, dare vigore, mantenere in forze (approccio attivo). Prendere su di sé un impegno, una responsabilità, un onere morale o materiale.

Sostenibilità globale
"La sostenibilità globale è il raggiungimento del benessere duraturo economico, sociale ed ambientale per tutti gli elementi della società". (Fonte PMI® Project Management Global Sustainability Community of Practice, Business plan, 2009).

Suolo
Prodotto polifasico dell'ambiente costituito da sostanze chimiche e da elementi biologici.

Sostanze chimiche: C, H, O, N, P, K, S, Ca, Mg, Fe, Mn, Zn, Cu, B, Mo, H_2O (liquido, vapore), CO_2, O_2, CH_4, H_2S, NH_3.

Elementi biologici: lombrichi, roditori, rettili, lumache, insetti, ragni, acari, millepiedi, anellidi, rotiferi, flagellati, ciliati, amebe, batteri (nitrificanti, solfobatteri), microalghe, funghi (lieviti).

Sviluppo sostenibile
"Development that meets the needs of the present without compromising the ability of future generations to meet their own needs" (Fonte: Brundtland Report - 1987 World Commission for Environment and Development).

Trasformazione aerobica
Una trasformazione aerobica è un'ossidazione completa della sostanza organica ad opera di batteri e porta alla formazione di: CO_2, H_2O, NO_2, NO_3. La mineralizzazione dei carboidrati e dei grassi porta alla formazione di CO_2 e H_2O. La mineralizzazione delle proteine porta alla formazione di ammoniaca (NH_3), trasformata poi in nitriti (NO_2) ed infine in nitrati (NO_3).

Trasformazione anaerobica

Una trasformazione anaerobica è una riduzione lenta ed incompleta della sostanza organica ad opera di batteri e porta alla formazione di: NH_3, CH_4, H_2S, solfuri, acidi volatili, mercaptani.

UN Global Compact

(U.N., 2011) Patto che possono volontariamente sottoscrivere le aziende, che desiderino aderire a dieci principi universali per garantire che il mercato, il commercio, la tecnologia e la finanza progrediscano a beneficio globale dell'economia e della società.
I dieci principi sono in breve:
1. sostegno e rispetto dei diritti umani;
2. assenza di complicità in abusi rispetto ai diritti umani;
3. riconoscimento della libera associazione e della contrattazione collettiva sul lavoro;
4. eliminazione di ogni forma di lavoro forzato o obbligatorio;
5. abolizione del lavoro minorile;
6. eliminazione delle discriminazioni sul lavoro;
7. cautele nell'affrontare le questioni ambientali;
8. promozione della responsabilità ambientale;
9. sviluppo e diffusione di tecnologie non dannose per l'ambiente;
10. contrasto alla corruzione in tutte le sue forme, incluse estorsione e tangenti.

Valore complementare

Il valore complementare è il valore di costo più il deprezzamento.

Valore di costo

Il valore di costo è la somma dei valori di mercato di tutti i fattori produttivi occorrenti per la produzione del bene.

Valore di scambio o di mercato

Il valore di scambio o di mercato è il più probabile valore, espresso in moneta, di un bene economico scambiato in un mercato ed è un dato storico legato al particolare mercato.

Valore di surrogazione
Il valore di surrogazione è il valore di mercato di un altro bene economico con la stessa utilità.

Valore di trasformazione
Il valore di trasformazione è il valore di mercato dopo la trasformazione meno il costo delle opere necessarie alla trasformazione.

Valore d'uso sociale
Il valore d'uso sociale (o valore economico) di un bene è riferito all'apprezzamento che ne ha la società in funzione della sua utilità e della sua fruibilità collettiva.

Valore economico distribuito
Indica come il progetto crea ricchezza per gli stakeholder ed include:
- pagamenti agli impiegati (salari, corsi di formazione, corsi di aggiornamento, seminari, ecc.);
- pagamenti ai lavoratori a contratto;
- pagamenti ai fornitori;
- donazioni o servizi offerti volontariamente alla collettività;
- investimenti diretti in infrastrutture per la collettività;
- pagamenti agli investitori finanziari (ad esempio azionisti, mutui);
- pagamenti alle amministrazioni ed ai governi locali (attraverso le tasse).

Virus
Organismi unicellulari. Parassiti intracellulari spesso patogeni. Non sono capaci di metabolismo autonomo. Hanno dimensioni di 0,01 – 0,1 micron e sono visibili al microscopio elettronico. Sono privi di acqua. Sono costituiti dal solo materiale nucleare DNA (acido deossiribonucleico) e RNA (acido ribonucleico). Iniettano il filamento di DNA, che reca l'informazione genetica, nella cellula ospite, utilizzando i suoi materiali e la sua energia per riprodursi e farla "scoppiare". Presentano una estrema resistenza al freddo.

Xenobiotici
Sostanze di sintesi, che non hanno il corrispondente organismo decompositore nell'ambiente.

Bibliografia

Barnard L.T., Ackles B., Haner J.L. (2011), *Making Sense of Sustainability Project Management*, Explorus Group Inc., Canada.

Boulding K.E. (1966), Saggio: *The economics of the coming spaceship earth*, U.S.A.

Braungart M., McDonough W. (2002), *Cradle to cradle: remaking the way we make things*, North Point Press, U.S.A.

Carboni J, Gonzalez M., Hodgkinson J. (2013), *The GPM® Reference Guide to Sustainability in Project Management*, GPM Global, U.S.A.

Deshpande A. (2011), *Equator Principles: Do they make business sense?*, Eco Business, U.S.A.,Gennaio.

E.P.A., U.S. Environmental Protection Agency (2010), *Ozone-depleting Substances*, U.S.A.

E.P.A., U.S. Environmental Protection Agency (2011), *Greenhouse Gas Emissions*, U.S.A.

E.S.I. - Environmental Sustainability Index (2005), *2005 ESI Report*, World Economic Forum's Annual Meeting, Davos, Svizzera.

Esposito C. (2007), *Il Cimitero delle Fontanelle*, Oxiana, Napoli.

Forte C. (1977), *Valore di scambio e valore d'uso sociale dei beni culturali immobiliari*, Formez, Napoli.

Freeman H. M. (1988), *Standard Handbook of Hazardous Waste Treatment and Disposal*, Mc Graw-Hill Book Company, U.S.A.

Gareis R., WU Vienna, Austria, & RGC (2012), *Rethinking project management*, PMI® EMEA ROWS Marseilles, May.

Gareis R., Huemann M., Martinuzzi A. (2010), *Relating Sustainable Development and Project Management: A Conceptual Model*, PMI® (Project Management Institute), U.S.A.

Gareis R., Huemann M., Martinuzzi A., Weninger C., Sedlacko M. (2013), *Project Management and Sustainable Development Principles*, PMI®, U.S.A.

G.R.I. Global Reporting Initiative (2011), *Sustainability Reporting Guidelines*, GRI, Amsterdam.

Hornby A. S. (1987), *Oxford advanced learner's dictionary of current English*, Oxford University Press, Great Britain.

Huemann M. (2012), WU Vienna, Austria, *Project Stakeholder Management & SD*, PMI® EMEA ROWS Marseilles, May.

I.F.C. (International Finance Corporation) (2006), *Equator Principles*, Standard 2006, E.P. Association, Regno Unito.

I.L.O. (International Labour Organization) (1998), *Declaration on the Fundamental Principles and Rights at Work*, ILO, U.S.A.

I.S.O. (International Organization for Standardization) (2004), *ISO 14000 - Environmental management*, ISO, Svizzera.

I.S.O. (International Organization for Standardization) (2008), *ISO 9000 - Quality management*, ISO, Svizzera.

I.S.O. (International Organization for Standardization) (2010), *ISO 26000 -Guidance on social responsibility*, ISO, Svizzera.

I.S.O. (International Organization for Standardization) (2011), *ISO 50001 - Energy management*, ISO, Svizzera.

I.S.O. (International Organization for Standardization) (2013), *ISO 21500 -Guidance on project management*, ISO, Svizzera.

Mahan B. H. (1979), *Chimica generale ed inorganica*, Casa Editrice Ambrosiana, Milano.

Maltzman R., Shirley D. (2010), *Green Project Management*, CRC Press, U.S.A.

Melisurgo G. (1997), *Napoli sotterranea*, Edizioni Scientifiche Italiane, Napoli.

Mendia L. (1959), *Sul controllo della qualità delle acque*, Seminario sull'approvvigionamento idrico delle popolazioni, Organizzazione Mondiale della Sanità, Amalfi.

Metcalf & Eddy (1991), *Wastewater Engineering – Treatment, Disposal and Reuse*, McGraw-Hill International Editions, U.S.A.

Ministero dell'ambiente e della tutela del territorio (2006), Direzione generale per la ricerca ambientale e lo sviluppo, *Mille progetti per lo sviluppo sostenibile*, Rapporto di sintesi, Italia, Attività 2000-2006.

Montalenti G., Giacomini V. (1974), *Biologia*, Sansoni, Firenze.

Morgese P. (1993), *Criteri di qualità delle acque destinate a scopo potabile*, Tesina di Ingegneria sanitaria, Università degli Studi di Napoli "Federico II", Facoltà di Ingegneria, Scuola di specializzazione in ingegneria sanitaria ed ambientale, A.A. 1992/1993.

Morgese P. (1994), Tesi di diploma di specializzazione: *"Trattamento e smaltimento di residui industriali siderurguci in stabilimenti dismessi – Aspetti normativi e criteri per la bonifica dei materiali, del suolo e delle falde"*, Università degli Studi di Napoli "Federico II", Facoltà di Ingegneria, Scuola di specializzazione in ingegneria sanitaria ed ambientale, A.A. 1993/1994.

Morgese P. (1997), *Collaudo tecnico delle operazioni di bonifica nello stabilimento ILVA di Bagnoli*, Simposio internazionale di ingegneria sanitaria ambientale, Ravello, Villa Rufolo, 3 - 7 Giugno.

Morgese P. (2007), Lezioni di *Interventi antropici ed elementi dello sviluppo sostenibile*, Progetto IFTS PON Tecnico superiore per il monitoraggio e la gestione del territorio e dell'ambiente, IPSAR Cicciano Napoli.

Morgese P. (2009a), Lezioni di *Bonifica dei siti contaminati: trattamenti chimici*, Master in Ingegneria sanitaria ed ambientale: ciclo dei rifiuti e bonifica dei siti contaminati, Facoltà di Ingegneria Università di Napoli "Federico II", A.A. 2008/2009.

Morgese P. (2009b), *Il project management nelle boniche dei siti contaminati*, Seminario Facoltà di Ingegneria Università di Napoli "Federico II", 23 Novembre.

Morgese P. (2010), *La sostenibilità ambientale e il ruolo dell'ingegnere*, Notiziario dell'Ordine degli Ingegneri della Provincia di Napoli, Numero 4, Novembre-Dicembre.

Morgese P. (2011a), *Integrating global sustainability into project management: the human resource knowledge area*, PMI® (Project Management Institute) Project Management Global Sustainability Community of Practice, U.S.A.

Morgese P. (2011b), *Un nuovo legame tra energie rinnovabili e project management: gli "Equator Principles"*, Notiziario dell'Ordine degli Ingegneri della Provincia di Napoli, Numero 2.

Morgese P. (2011c), *La valutazione numerica della sostenibilità ambientale di un'azienda*, Notiziario dell'Ordine degli Ingegneri della Provincia di Napoli, Numero 5, Settembre-Ottobre.

Morgese P. (2012a), *La sostenibilità e il project management – Progetti sostenibili*, Seminario Facoltà di Ingegneria Università di Napoli "Federico II", 27 Gennaio.

Morgese P. (2012b), *Sul valore d'uso sociale dei beni ambientali*, Notiziario dell'Ordine degli Ingegneri della Provincia di Napoli, Numero 2.

Morgese P. (2013a), *La gestione degli stakeholder nei progetti: un ulteriore passo verso la sostenibilità*, Notiziario dell'Ordine degli Ingegneri della Provincia di Napoli, Numero 1.

Morgese P. (2013b), *Projects for post disaster reconstruction are sustainable by nature but, how to manage them in sustainable ways?*, PMI® Global Sustainability Community of Practice, U.S.A., Maggio.

Morgese P. (2013c), *La gestione dei progetti nella ricostruzione post disastro*, Seminario Facoltà di Ingegneria Università di Napoli "Federico II", 24 Maggio.

Morgese P. (2013d), *La gestione dei progetti di ricostruzione post disastro*, Notiziario dell'Ordine degli Ingegneri della Provincia di Napoli, Numero 3.

Orefice M. (1984), *Estimo*, UTET, Torino.

Perry R. H. et al. (1995), *Perry's chemical engineers' handbook*, McGraw-Hill Book Company, New York.

Nyangon J. (2011), *Rebalancing the economics of greening*, PMI® Global Sustainability Community of Practice, U.S.A.

PMI® (2010), *Code of Ethics and Professional Conduct*, Project Management Institute, USA.

PMI® (2012), *Il PMI ethical decision-making framework*, Project Management Institute, U.S.A.

PMI® (2013), *PMBOK® Guide – Fifth Edition*, Project Management Institute, U.S.A.

PMI®, PMIEF® (2013) (PMI® Educational Foundation), *Project Management Methodology for Post Disaster Reconstruction*, traduzione italiana a cura di Paola Morgese, Project Management Institute, U.S.A.

PM NETWORK® (2009), *Rising to the occasion*, Project Management Institute, U.S.A., December.

PM NETWORK® (2011), *The buzz – Power spike*, Project Management Institute, U.S.A., March.

Ragazzini G. (1989), *Dizionario Inglese/Italiano Italiano/Inglese*, Zanichelli, Bologna.

S.A.I. (Social Accountability International) (2008), SAI *standard 8000* – Social Accountability International, New York.

Sequi P. (1991), *Chimica del suolo*, Patron Editore, Bologna.

Silvius G. A. J., Schipper R., Planko J., van den Brink J., Köhler A. (2012), *Sustainability in Project Management*, Gower, Regno Unito.

U.N. Nazioni Unite (1948), *Dichiarazione universale dei diritti umani*, United Nations, New York.

U.N. Nazioni Unite (2000), *Sphere Handbook*, United Nations, New York.

U.N. Nazioni Unite (2003), *United Nations Convention Against Corruption*, United Nations, New York.

U.N. Nazioni Unite (2011), *Global compact*, United Nations, New York.

Vienna Hospital Association (2010), *Vienna North Hospital's Charter on Sustainability*, Vienna Hospital Association, Vienna.

Vismara R. (1992), *Ecologia applicata*, Hoepli, Milano.

W.C.E.D. (1987), World Commission for Environment and Development, *Brundtland Report*, United Nations, New York.

Zingarelli N. (1988), *Vocabolario della lingua italiana*, Zanichelli, Bologna.

Ringraziamenti

A Luigi Mendia, mio professore universitario mai dimenticato, per i suoi insegnamenti; al collega Joseph Nyangon per i preziosi consigli; a Gennaro Cimmino per il ritratto fotografico; a Leda, Filuccia e Felis per la compagnia mentre scrivevo.

Indice analitico

analisi sistemica...................72
approvvigionamenti..............74
aree di conoscenza.................53
batteri....................................90
bene economico..............47, 90
beni ambientali......................47
bioaccumulazione.................90
bioconcentrazione.................90
brainstorming..................72, 78
catena alimentare............91, 99
combustione..........................92
compostaggio........................93
comunicazioni.......................69
corruzione.......................10, 93
costellazioni sistemiche..72, 78
costi.......................................62
Cradle to Cradle®..........65, 93
diritti dei consumatori...........11
diritti dei lavoratori...............11
diritti della società................10
diritti umani............................9
ecologia.................................94
economia...............................94
effetto serra......................8, 95
energia..................................95
    da fonti non rinnovabili...95
    da fonti rinnovabili..........95
etica......................................55
    deontologica...................55
    utilitaria..........................55
eutrofizzazione.....................96

forniture................................57
gruppi di processi.................53
inquinamento........................98
    atmosferico....................98
    del suolo.........................98
    delle acque.....................97
    fotochimico....................99
investimento.............45, 46, 85
investimento..........................
    analisi.............................45
    analisi economica...........47
magnificazione biologica.....99
Manuale Sfera.......................36
materie prime.......................99
    non rinnovabili...............99
    rinnovabili......................99
obiettivi...........................58, 81
obiettivi di sostenibilità. .53, 85
opportunità.....................57, 87
ozono..............................8, 100
piano.....................................38
    degli approvvigionamenti38
    di emergenza..................73
    di gestione.....................59
    di progetto...........56, 58, 81
    di sicurezza....................73
    di sostenibilità...38, 60, 100
HSE......................................73
    logistico..........................60
piogge acide........................101
produzione............................47

progetto....6, 45, 46, 53, 56, 85, 101
progetto..................................
   di bonifica............23, 31, 68
   di ricostruzione post disastro................23, 36, 38
   secondo gli "Equator Principles........................39
   sostenibile.................23, 27
   tradizionale.....................27
   verifica............................80
project charter..........56, 58, 81
project management.............53
qualità................................64
rischi........................57, 70, 87
risorse................................58
risorse umane......................65
salute................................101
selezione dei fornitori...........77
sostenibilità.........................55
sostenibilità ambientale..........7
   aziendale......................13
   bilancio........................15
sostenibilità economica........12
sostenibilità economica aziendale.............................13

sostenibilità globale..5, 53, 103
sostenibilità sociale................9
stakeholder...37, 57, 77, 78, 79, 87
Sustainability Charter.......8, 46
sviluppo sostenibile..5, 54, 103
tempi.............................58, 61
valore.................................47
   complementare........48, 104
   d'uso sociale......47, 49, 105
   di costo...........................47
   di mercato..........47, 49, 104
   di scambio.........47, 49, 104
   di surrogazione..............105
   di trasformazione...........105
   economico...............47, 105
   economico distribuito.....13, 105
   economico generato........13
   surrogazione...................48
   trasformazione................48
virus..................................105
WBS............................32, 63
xenobiotici........................106

Note

Note

www.ingramcontent.com/pod-product-compliance
Lightning Source LLC
Chambersburg PA
CBHW051719170526
45167CB00002B/721